カラーテキスト

線形代数

大原 仁／著
二宮正夫／監

講談社

はじめに

線形代数は微積分学とともに現代の数学のあらゆる分野の基礎になっています．したがって，理工系の学生にとってさけて通れない学問です．また，統計学や経済学などにも応用されることから文科系の学生にとっても有用な科目です．

本書は，ベクトル・行列・行列式・一次変換を道具として使えるようになることをめざす諸君を対象にしています．そのため計算の仕方をできるだけ丁寧に解説しています．本書では，できるだけ多くの具体例にふれることからはじめて，線形代数のおおよその概念をつかめるように工夫しました．

本書の構成は，第 1 章 ベクトル，第 2 章 行列，第 3 章 連立 1 次方程式，第 4 章 行列式，第 5 章 固有値・固有ベクトル，という構成になっています．

第 1 章は高校数学の延長ですが，高次元へ入りやすいようにベクトルを成分表示で定義しました．また，高校では扱わない外積にも触れています．

第 2 章は，2013 年まで高校で扱われていた程度の行列と一次変換を取り扱っています．

第 3 章では，連立 1 次方程式を行基本変形を用いて解き，それが行列の掛け算になっていることの理解を目標としています．

第４章では，行列式と行列の逆行列を扱っています．行列式の定義は行展開による定義を採用しました．４次や５次程度の行列式を具体的に計算するにはこの方法をマスターしていれば十分と考えられるからです．

第５章は，固有値と固有ベクトルで，その求め方と対角化ジョルダン標準形の導き方を示しました．

各章の構成は,「基本事項の解説」→「例題」→「演習」の順になっています．本書では理解を定着させるために多くの「例題」を用意しました．また,「例題」の確認のために各「例題」に合せた「演習」を用意しました．「演習」は「例題」が理解できれば解けるように工夫してあります．さらに，各章末にはそれまでに学習してきた内容の復習を兼ねて「章末問題」を用意しました．チャレンジしてみてください．なお,「演習」および「章末問題」の解答は，講談社サイエンティフィクのホームページ (www.kspub.co.jp) の本書紹介ページにあります．

2013年9月　　　　大原仁

もくじ

第1章

ベクトル

1.1 ベクトルの和，スカラー倍

n 次元ベクトル

ベクトル

高等学校ではベクトルは「向きと大きさで定まる量」として定めたが，これから学習する線形代数ではもっと広い世界を扱うためにベクトルの定義を次のように定める．

$\begin{pmatrix} 3 \\ 1 \end{pmatrix}$, $\begin{pmatrix} 4 \\ 1 \\ 5 \end{pmatrix}$, $\begin{pmatrix} 9 \\ 2 \\ 6 \\ 5 \end{pmatrix}$のように数を一列に並べたものを**ベクトル**という．このとき，並べた数をベクトルの**成分**といい，順に第1成分，第2成分，…という．数を縦に並べたベクトルを**列ベクトル**，横に並べたベクトルを**行ベクトル**という．また，並べた数の個数が2個なら**2次元ベクトル**，3個なら**3次元ベクトル**，…，n 個なら **n 次元ベクトル**という．

ベクトルを平面座標や空間座標に描くと矢線で表される．この矢線で表されたものもベクトルという．

以下ではベクトルを $\boldsymbol{a}$ のように太字で表す．

ベクトルの相等

2つのベクトル $\boldsymbol{a}$ と $\boldsymbol{b}$ が等しいとは2つのベクトルの次数が等しく，対応する各成分が等しいことをいう．このとき，$\boldsymbol{a}=\boldsymbol{b}$ と表す．

和・差・スカラー倍

2つのベクトルが同じ次数のとき，それらの**和**，**差**は対応する各成分どうしの和，差で表される．すなわち，

$$\begin{pmatrix} a \\ b \end{pmatrix} + \begin{pmatrix} c \\ d \end{pmatrix} = \begin{pmatrix} a+c \\ b+d \end{pmatrix}, \quad \begin{pmatrix} a \\ b \end{pmatrix} - \begin{pmatrix} c \\ d \end{pmatrix} = \begin{pmatrix} a-c \\ b-d \end{pmatrix}$$

数を掛けることを**スカラー倍**という．特に，ベクトルに対して，普通の数を区別するために数のことをスカラー（scalar）という．特に図形などで実数に限定して掛ける場合は**実数倍**という．

スカラー倍は次のように定められる．

$$k\begin{pmatrix} a \\ b \end{pmatrix} = \begin{pmatrix} ka \\ kb \end{pmatrix}$$

（注）　このあと内積，外積という掛け算に似た他のベクトルの演算が出てくる．掛け算に対応する演算はただ 1 つではないので注意してほしい．

ベクトルの演算公式

演算については次のような公式が成り立つ．

（1）　**（交換法則）**　$\boldsymbol{a}+\boldsymbol{b}=\boldsymbol{b}+\boldsymbol{a}$

（2）　**（結合法則）**　$\boldsymbol{a}+(\boldsymbol{b}+\boldsymbol{c})=(\boldsymbol{a}+\boldsymbol{b})+\boldsymbol{c}$

以下では，この和を（　）をつけずに $\boldsymbol{a}+\boldsymbol{b}+\boldsymbol{c}$ と書く．

（3）　$(\alpha+\beta)\boldsymbol{a} = \alpha\boldsymbol{a}+\beta\boldsymbol{a}$

（4）　$\alpha(\beta\boldsymbol{a}) = (\alpha\beta)\boldsymbol{a}$

以下では，これを（　）をつけずに $\alpha\beta\boldsymbol{a}$ と書く．

（5）　$k(\boldsymbol{a}+\boldsymbol{b})=k\boldsymbol{a}+k\boldsymbol{b}$

零ベクトル

すべての成分が 0 であるベクトルを**零ベクトル**といい，$\boldsymbol{0}$ で表す．2 次元ベクトルの場合，$\boldsymbol{0}=\begin{pmatrix} 0 \\ 0 \end{pmatrix}$である．

任意のベクトル $\boldsymbol{a}$ に対して，$\boldsymbol{a}+\boldsymbol{0}=\boldsymbol{0}+\boldsymbol{a}=\boldsymbol{a}$ が成り立つ．

一次結合

$$x\boldsymbol{a}+y\boldsymbol{b}+z\boldsymbol{c}$$

のようにいくつかのベクトルをスカラー倍して加え合わせたものを**一次結合**という．ベクトルの一次結合はまたベクトルである．

基本単位ベクトル

2次元ベクトルで$\boldsymbol{i}=\begin{pmatrix}1\\0\end{pmatrix}$，$\boldsymbol{j}=\begin{pmatrix}0\\1\end{pmatrix}$とおくと，

$$\begin{pmatrix}a\\b\end{pmatrix}=a\boldsymbol{i}+b\boldsymbol{j}$$

と表せる．また，3次元ベクトルで$\boldsymbol{i}=\begin{pmatrix}1\\0\\0\end{pmatrix}$，$\boldsymbol{j}=\begin{pmatrix}0\\1\\0\end{pmatrix}$，$\boldsymbol{k}=\begin{pmatrix}0\\0\\1\end{pmatrix}$とおくと，

$$\begin{pmatrix}a\\b\\c\end{pmatrix}=a\boldsymbol{i}+b\boldsymbol{j}+c\boldsymbol{k}$$

と表せる．

このように，1つの成分が1で他の成分が0のベクトルを**基本単位ベクトル**という．基本単位ベクトルで表すと，一般のベクトルは成分を係数とする一次結合で表すことができる．

ベクトルの図形的性質

相等，和，実数倍の図形的性質

2つのベクトルが**等しい**ことを図形的に表すと，向きと大きさが一致することである．異なる位置にあっても向きと大きさが等しいベクトルは等しい．

和： $\boldsymbol{a}=\begin{pmatrix}3\\1\end{pmatrix}$，$\boldsymbol{b}=\begin{pmatrix}1\\2\end{pmatrix}$ としたとき，$\boldsymbol{a}+\boldsymbol{b}=\begin{pmatrix}4\\3\end{pmatrix}$を図示すると図1.1のようになる．

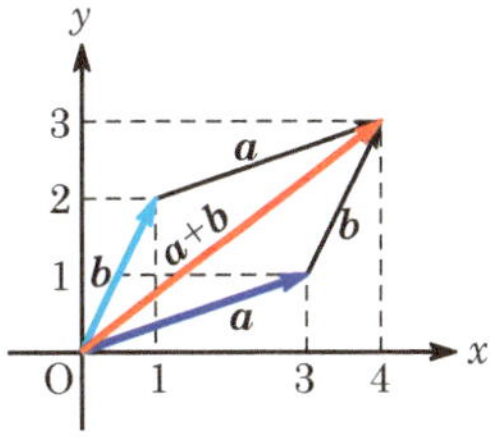

図 1.1

$\boldsymbol{a}+\boldsymbol{b}$は$\boldsymbol{a}$と$\boldsymbol{b}$を隣り合う辺とした平行四辺形の対角線を表していることがわかる．

一般に$\boldsymbol{a}$と$\boldsymbol{b}$が平行でないとき，$\boldsymbol{a}+\boldsymbol{b}$は$\boldsymbol{a}$と$\boldsymbol{b}$を隣り合う辺とした平

図 1.2

行四辺形の対角線を表す．また，$\boldsymbol{b}$ を平行移動してその始点を $\boldsymbol{a}$ の終点に重ねるとき，$\boldsymbol{a}+\boldsymbol{b}$ の始点を $\boldsymbol{a}$ の始点とすると，$\boldsymbol{a}+\boldsymbol{b}$ の終点は $\boldsymbol{b}$ の終点になる．逆に，$\boldsymbol{a}$ の始点を $\boldsymbol{b}$ の終点に重ねれば，$\boldsymbol{b}$ の始点を始点とし，$\boldsymbol{a}$ の終点を終点とするベクトルが $\boldsymbol{a}+\boldsymbol{b}$ になる（図 1.2）．

実数倍：$k\boldsymbol{a}$（k は実数）を考える．

$k>0$ のとき，$k\boldsymbol{a}$ は $\boldsymbol{a}$ と同じ向きで大きさが k 倍のベクトルである．

$k<0$ のとき，$k\boldsymbol{a}$ は $\boldsymbol{a}$ と反対の向きで大きさが $|k|$ 倍のベクトルである．

$k=0$ のとき，$k\boldsymbol{a}=\boldsymbol{0}$（零ベクトル）である（図 1.3）．

図 1.3

例題 1.1 図 1.4 のベクトル $\boldsymbol{a}$，$\boldsymbol{b}$ について，以下のベクトルを作図せよ．

（1）$\boldsymbol{a}+\boldsymbol{b}$　（2）$\boldsymbol{a}-\boldsymbol{b}$　（3）$-2\boldsymbol{a}$

（4）$\boldsymbol{a}+2\boldsymbol{b}$　（5）$\boldsymbol{a}-2\boldsymbol{b}$　（6）$\dfrac{1}{2}\boldsymbol{a}$

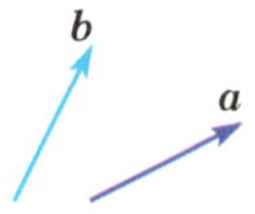

図 1.4

（解） 図 1.5 のようになる．

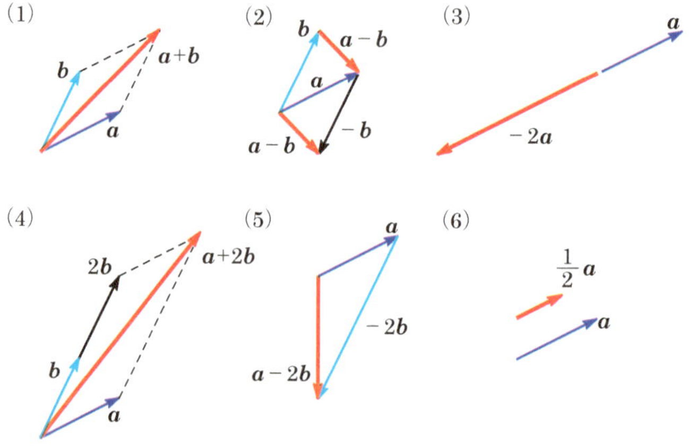

図 1.5

平行移動して重なるベクトルが描かれていればよい．

演習 1.1　図 1.6 のベクトル $\boldsymbol{p}$，$\boldsymbol{q}$ について，以下のベクトルを作図せよ．

（1）　$2\boldsymbol{p}+\boldsymbol{q}$　（2）　$\boldsymbol{p}-\boldsymbol{q}$　（3）　$2\boldsymbol{q}$　（4）　$2\boldsymbol{p}+3\boldsymbol{q}$

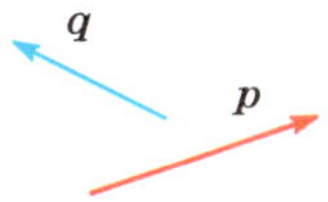

図 1.6

位置ベクトル

ベクトルを使って，座標における幾何を表すことができる．

線分 AB に A から B の向きをつけたものを**有向線分**という．有向線分は向きと大きさをもつのでベクトルである．これを有向線分ベクトルといい $\overrightarrow{AB}$ のように表す．$\overrightarrow{AB}$ の A を始点, B を終点という．$\overrightarrow{AB}$ と $\overrightarrow{CD}$ において，向きと大きさが等しければ，ベクトルとして等しいから，始点が異なっていても，$\overrightarrow{AB}=\overrightarrow{CD}$ と書く．

座標上の点 P の位置は原点 O を始点とし，P を終点とするベクトル $\overrightarrow{OP}=\boldsymbol{p}$ で表される．このベクトル $\boldsymbol{p}$ を点 P の**位置ベクトル**という．位置ベクトルが $\boldsymbol{p}$ である点 P を P$(\boldsymbol{p})$ と書く．

2 点 A$(\boldsymbol{a})$，B$(\boldsymbol{b})$ について，

$$\overrightarrow{AB}=\boldsymbol{b}-\boldsymbol{a}$$

である．

例題 1.2　図 1.7 のように点 O$(\boldsymbol{0})$，A$(\boldsymbol{a})$，B$(\boldsymbol{b})$ がある．このとき，位置ベクトル $\boldsymbol{p}=2\boldsymbol{a}$，$\boldsymbol{q}=\boldsymbol{a}+\boldsymbol{b}$，$\boldsymbol{r}=3\boldsymbol{a}+2\boldsymbol{b}$ で表される点 P$(\boldsymbol{p})$，Q$(\boldsymbol{q})$，R$(\boldsymbol{r})$ を図示せよ．

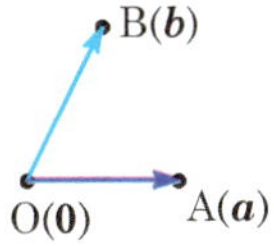

図 1.7

（解）　次のページの図 1.8 のようになる．

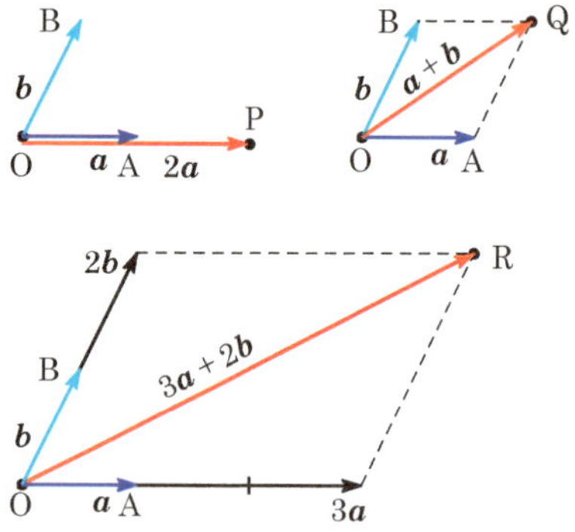

図 1.8

演習 1.2 図 1.9 のように点 O($\mathbf{0}$), A($\boldsymbol{a}$), B($\boldsymbol{b}$) がある．このとき，位置ベクトル $\boldsymbol{p}=s\boldsymbol{a}+t\boldsymbol{b}$ で表される点を P_{st} とするとき，P_{-1-1}, P_{-10}, P_{-11}, P_{-12}, P_{0-1}, P_{00}, P_{01}, P_{02}, P_{1-1}, P_{10}, P_{11}, P_{12}, P_{2-1}, P_{20}, P_{21}, P_{22} を図示せよ．

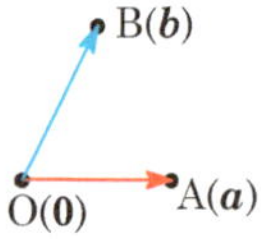

図 1.9

平行

$\mathbf{0}$ でない 2 つのベクトル $\boldsymbol{a}$, $\boldsymbol{b}$ が平行なとき，0 でない実数 k によって，

$$\boldsymbol{b}=k\boldsymbol{a}$$

のように書ける．

直線のベクトル方程式

点 A($\boldsymbol{a}$) を通り $\boldsymbol{u}$ に平行な直線 l 上に点 P($\boldsymbol{p}$) があるとき，実数 t を用いて，

$$\boldsymbol{p}=\boldsymbol{a}+t\boldsymbol{u} \tag{1.1}$$

と表される．t が実数全体を動くとき P($\boldsymbol{p}$) は直線 l を描く．

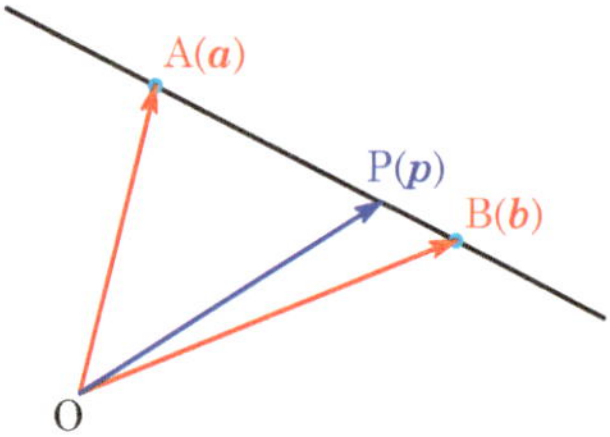

図 1.10

2 点 A($\boldsymbol{a}$), B($\boldsymbol{b}$) を通る直線は

$$\boldsymbol{p}=\boldsymbol{a}+t(\boldsymbol{b}-\boldsymbol{a})=(1-t)\boldsymbol{a}+t\boldsymbol{b} \tag{1.2}$$

と表される．

例題 1.3 原点をOとするとき，2点A(1, 2)とB(5, 6)を通る直線のベクトル方程式を求めよ．

(解) $\boldsymbol{p}=(1-t)\overrightarrow{\mathrm{OA}}+t\overrightarrow{\mathrm{OB}}$，すなわち，

$$\boldsymbol{p}=(1-t)\begin{pmatrix}1\\2\end{pmatrix}+t\begin{pmatrix}5\\6\end{pmatrix}$$

(注) $\boldsymbol{p}=\begin{pmatrix}x\\y\end{pmatrix}$とすると，$x=(1-t)+5t=4t+1$，$y=2(1-t)+6t=4t+2$から$y=x+1$となる．これが座標による直線の方程式である．

演習 1.3 図1.11のように点$\mathrm{O}(\boldsymbol{0})$, $\mathrm{A}(\boldsymbol{a})$, $\mathrm{B}(\boldsymbol{b})$がある．$\boldsymbol{p}=s\boldsymbol{a}+t\boldsymbol{b}$のとき，$s$，$t$が以下の条件をみたしながら変化するとき点$\mathrm{P}(\boldsymbol{p})$が動く図形を同じ平面上に図示せよ．

(1) $s=0$　(2) $t=0$　(3) $s=1$

(4) $t=1$　(5) $s+t=1$　(6) $s=2$

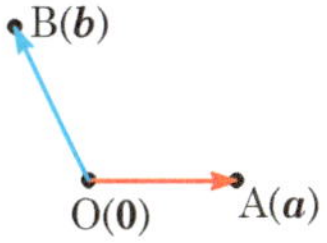

図 1.11

ベクトルの一次独立と図形

1つの平面内で，$\boldsymbol{0}$でない2つのベクトル$\boldsymbol{a}$，$\boldsymbol{b}$が平行でないとき，$\boldsymbol{a}$，$\boldsymbol{b}$は**一次独立**であるといい平面上の任意のベクトル$\boldsymbol{p}$は適当な実数s，tによって，

$$\boldsymbol{p}=s\boldsymbol{a}+t\boldsymbol{b}$$

とただ1通りに表される．$\boldsymbol{a}$，$\boldsymbol{b}$が一次独立のとき，始点Oと$\mathrm{A}(\boldsymbol{a})$，$\mathrm{B}(\boldsymbol{b})$は一直線上になく，OABは三角形をなす．

空間内で，$\boldsymbol{0}$でない3つの$\boldsymbol{a}$，$\boldsymbol{b}$，$\boldsymbol{c}$があり，始点をOにそろえたとき，Oと$\mathrm{A}(\boldsymbol{a})$，$\mathrm{B}(\boldsymbol{b})$，$\mathrm{C}(\boldsymbol{c})$が同一平面上にないならば$\boldsymbol{a}$，$\boldsymbol{b}$，$\boldsymbol{c}$は**一次独立**であるといい空間の任意のベクトル$\boldsymbol{p}$は適当な実数s，t，uによって，

$$\boldsymbol{p}=s\boldsymbol{a}+t\boldsymbol{b}+u\boldsymbol{c}$$

とただ1通りに表される．$\boldsymbol{a}$，$\boldsymbol{b}$，$\boldsymbol{c}$が一次独立のとき，OABCは四面体をなす．

一次独立でないとき，**一次従属**であるという．

一次従属であるとき，いずれかのベクトルは他のベクトルの一次結合で表される．例えば $\boldsymbol{a}$，$\boldsymbol{b}$，$\boldsymbol{c}$ が一次従属なら

$$s\boldsymbol{a}+t\boldsymbol{b}+u\boldsymbol{c}=\boldsymbol{0}$$

で，s，t，u のうち 0 でないものがある．例えば，$s\neq 0$ だとすると，

$$\boldsymbol{a}=-\frac{t}{s}\boldsymbol{b}-\frac{u}{s}\boldsymbol{c}$$

となる．$\boldsymbol{a}$，$\boldsymbol{b}$，$\boldsymbol{c}$ が一次従属のとき $\boldsymbol{a}$，$\boldsymbol{b}$，$\boldsymbol{c}$ のいずれか 1 つは他のベクトルの一次結合で表される．

例題 1.4 次の 2 つまたは 3 つのベクトルは一次独立か一次従属か判定せよ．

(1) $\begin{pmatrix}1\\2\end{pmatrix}$, $\begin{pmatrix}3\\4\end{pmatrix}$　　(2) $\begin{pmatrix}1\\2\end{pmatrix}$, $\begin{pmatrix}3\\6\end{pmatrix}$

(3) $\begin{pmatrix}1\\2\\3\end{pmatrix}$, $\begin{pmatrix}4\\5\\6\end{pmatrix}$, $\begin{pmatrix}7\\8\\9\end{pmatrix}$　　(4) $\begin{pmatrix}1\\2\\3\end{pmatrix}$, $\begin{pmatrix}2\\2\\1\end{pmatrix}$, $\begin{pmatrix}2\\1\\2\end{pmatrix}$

(解) (1) $1:2\neq 3:4$ だから，$\begin{pmatrix}1\\2\end{pmatrix}\not\parallel\begin{pmatrix}3\\4\end{pmatrix}$．

よって，$\begin{pmatrix}1\\2\end{pmatrix}$と$\begin{pmatrix}3\\4\end{pmatrix}$は<u>一次独立</u>である．

(2) $1:2=3:6$ だから，$\begin{pmatrix}1\\2\end{pmatrix}\parallel\begin{pmatrix}3\\6\end{pmatrix}$．

よって，$\begin{pmatrix}1\\2\end{pmatrix}$と$\begin{pmatrix}3\\6\end{pmatrix}$は<u>一次従属</u>である．

(3) $\begin{pmatrix}7\\8\\9\end{pmatrix}=s\begin{pmatrix}1\\2\\3\end{pmatrix}+t\begin{pmatrix}4\\5\\6\end{pmatrix}$となる s，t を求める．

$$\begin{cases}7=s+4t, & \cdots① \\ 8=2s+5t, & \cdots② \\ 9=3s+6t & \cdots③\end{cases}$$

①，②から $s=-1$，$t=2$ であり，③もみたすから

$$\begin{pmatrix} 7 \\ 8 \\ 9 \end{pmatrix} = -\begin{pmatrix} 1 \\ 2 \\ 3 \end{pmatrix} + 2\begin{pmatrix} 4 \\ 5 \\ 6 \end{pmatrix}$$

が成り立つ．よって，$\begin{pmatrix} 7 \\ 8 \\ 9 \end{pmatrix}$は，$\begin{pmatrix} 1 \\ 2 \\ 3 \end{pmatrix}$と$\begin{pmatrix} 4 \\ 5 \\ 6 \end{pmatrix}$の一次結合で表されるから，

$\begin{pmatrix} 1 \\ 2 \\ 3 \end{pmatrix}$，$\begin{pmatrix} 4 \\ 5 \\ 6 \end{pmatrix}$，$\begin{pmatrix} 7 \\ 8 \\ 9 \end{pmatrix}$は一次従属である．

(4)　$s\begin{pmatrix} 1 \\ 2 \\ 3 \end{pmatrix} + t\begin{pmatrix} 2 \\ 2 \\ 1 \end{pmatrix} + u\begin{pmatrix} 2 \\ 1 \\ 2 \end{pmatrix} = \begin{pmatrix} 0 \\ 0 \\ 0 \end{pmatrix}$となる s，t，u を求めると，

$$\begin{cases} s + 2t + 2u = 0 \cdots ① \\ 2s + 2t + u = 0 \cdots ② \\ 3s + t + 2u = 0 \cdots ③ \end{cases}$$

①，②，③から $s=0$，$t=0$，$u=0$．よって，$\begin{pmatrix} 1 \\ 2 \\ 3 \end{pmatrix}$，$\begin{pmatrix} 2 \\ 2 \\ 1 \end{pmatrix}$，$\begin{pmatrix} 2 \\ 1 \\ 2 \end{pmatrix}$は一次独立である．

演習 1.4　次の 3 つのベクトルが一次従属になる k の値を求めよ．

$$\begin{pmatrix} 1 \\ 0 \\ 1 \end{pmatrix},\quad \begin{pmatrix} 2 \\ 1 \\ -1 \end{pmatrix},\quad \begin{pmatrix} 1 \\ 1 \\ k \end{pmatrix}$$

例題 1.5　空間の 3 点 A($\boldsymbol{a}$)，B($\boldsymbol{b}$)，C($\boldsymbol{c}$) について，$\boldsymbol{a}$，$\boldsymbol{b}$，$\boldsymbol{c}$ が一次独立であるとき，点 P($\boldsymbol{p}$) が平面 ABC 上にある条件は

$$\boldsymbol{p} = s\boldsymbol{a} + t\boldsymbol{b} + u\boldsymbol{c} \quad (s+t+u=1)$$

であることを示せ．

(解)　$\boldsymbol{p} = s\boldsymbol{a} + t\boldsymbol{b} + u\boldsymbol{c} \quad (s+t+u=1)$ のとき，

$$\overrightarrow{\mathrm{AP}} = \boldsymbol{p} - \boldsymbol{a} = (s-1)\boldsymbol{a} + t\boldsymbol{b} + u\boldsymbol{c}$$

$$= -(t+u)\boldsymbol{a} + t\boldsymbol{b} + u\boldsymbol{c} = t\overrightarrow{\mathrm{AB}} + u\overrightarrow{\mathrm{AC}}$$

$\overrightarrow{\mathrm{AP}}$は $\overrightarrow{\mathrm{AB}}$, $\overrightarrow{\mathrm{AC}}$で表されるから, A, B, C, P は同一平面上にある. つまり, P は平面 ABC 上にある (図 1.12).

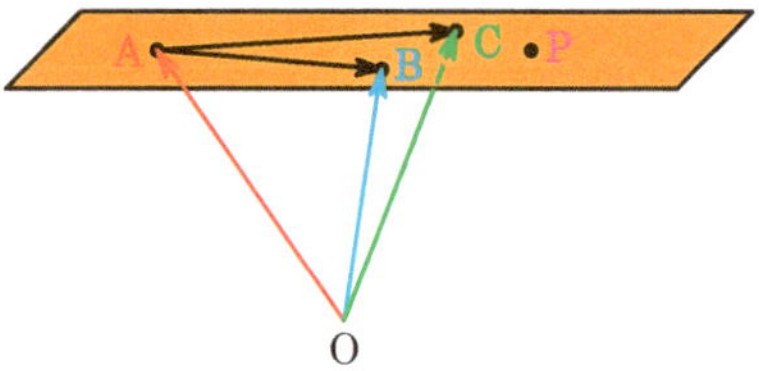

図 1.12

逆に P が平面 ABC 上にあるとき, $\overrightarrow{\mathrm{AP}}$は $\overrightarrow{\mathrm{AB}}$, $\overrightarrow{\mathrm{AC}}$で表されるから,

$$\overrightarrow{\mathrm{AP}} = t\overrightarrow{\mathrm{AB}} + u\overrightarrow{\mathrm{AC}}$$

となる実数 t, u が存在する. $s = 1 - t - u$ とおいて式変形することにより,

$$\boldsymbol{p} = s\boldsymbol{a} + t\boldsymbol{b} + u\boldsymbol{c} \quad (s + t + u = 1)$$

が導かれる. (証明終)

演習 1.5 2 点 A($\boldsymbol{a}$), B($\boldsymbol{b}$) について, $\boldsymbol{a}$, $\boldsymbol{b}$ が一次独立であるとき, 点 P($\boldsymbol{p}$) が直線 AB 上にある条件は

$$\boldsymbol{p} = s\boldsymbol{a} + t\boldsymbol{b} \quad (s + t = 1)$$

であることを示せ.

これからワシがたびたび登場するぞい!

フクロウ先生

1.2　ベクトルの計量と内積

内積

2つの n 次元ベクトル $\boldsymbol{a}=\begin{pmatrix} a_1 \\ a_2 \\ \vdots \\ a_n \end{pmatrix}$ と $\boldsymbol{b}=\begin{pmatrix} b_1 \\ b_2 \\ \vdots \\ b_n \end{pmatrix}$ （a_i，b_i は実数）について，

$$\boldsymbol{a}\cdot\boldsymbol{b}=a_1b_1+a_2b_2+\cdots+a_nb_n$$

を2つのベクトル $\boldsymbol{a}$ と $\boldsymbol{b}$ の**内積**または**スカラー積**という．

例題 1.6　2つのベクトル $\begin{pmatrix} 1 \\ 2 \end{pmatrix}$，$\begin{pmatrix} 2 \\ 3 \end{pmatrix}$ の内積を求めよ．

（解）　$\begin{pmatrix} 1 \\ 2 \end{pmatrix}\cdot\begin{pmatrix} 2 \\ 3 \end{pmatrix}=1\times2+2\times3=\underline{8}$

演習 1.6　2つのベクトル $\begin{pmatrix} 1 \\ 2 \end{pmatrix}$，$\begin{pmatrix} 1 \\ 3 \end{pmatrix}$ の内積を求めよ．

内積の演算公式

（1）　**（交換法則）**　$\boldsymbol{a}\cdot\boldsymbol{b}=\boldsymbol{b}\cdot\boldsymbol{a}$

（2）　**（分配法則）**　$\boldsymbol{a}\cdot(\boldsymbol{b}+\boldsymbol{c})=\boldsymbol{a}\cdot\boldsymbol{b}+\boldsymbol{a}\cdot\boldsymbol{c}$

（3）　$(k\boldsymbol{a})\cdot\boldsymbol{b}=k(\boldsymbol{a}\cdot\boldsymbol{b})=\boldsymbol{a}\cdot(k\boldsymbol{b})$

　以下では，これを（　）をつけずに $k\boldsymbol{a}\cdot\boldsymbol{b}$ と書く．

これらは定義から容易に示される．

（例）　$(\boldsymbol{a}+\boldsymbol{b})\cdot(\boldsymbol{c}+\boldsymbol{d})=\boldsymbol{a}\cdot\boldsymbol{c}+\boldsymbol{a}\cdot\boldsymbol{d}+\boldsymbol{b}\cdot\boldsymbol{c}+\boldsymbol{b}\cdot\boldsymbol{d}$

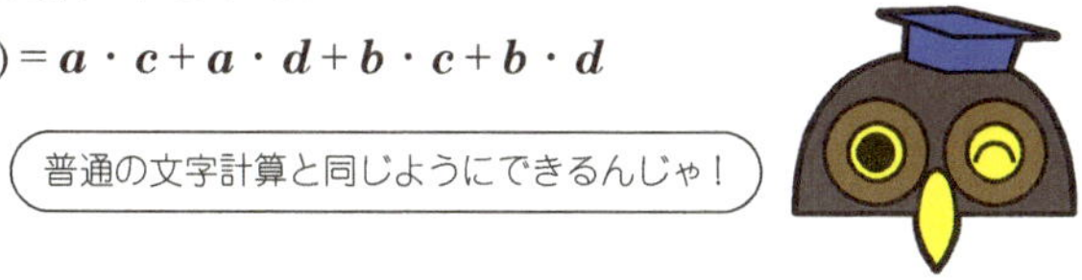

普通の文字計算と同じようにできるんじゃ！

大きさ

平面ベクトル $\boldsymbol{a}=\begin{pmatrix}a_1\\a_2\end{pmatrix}$，空間ベクトル $\boldsymbol{b}=\begin{pmatrix}b_1\\b_2\\b_3\end{pmatrix}$ について，

$$\boldsymbol{a}\cdot\boldsymbol{a}={a_1}^2+{a_2}^2,\quad \boldsymbol{b}\cdot\boldsymbol{b}={b_1}^2+{b_2}^2+{b_3}^2$$

となるから，$\boldsymbol{a}\cdot\boldsymbol{a}$，$\boldsymbol{b}\cdot\boldsymbol{b}$ はともに $\boldsymbol{a}$，$\boldsymbol{b}$ の矢線の長さの 2 乗を表す．そこで，一般に $\sqrt{\boldsymbol{a}\cdot\boldsymbol{a}}$ をベクトル $\boldsymbol{a}$ の**大きさ**といい，$|\boldsymbol{a}|$ と表す．

$\boldsymbol{a}$ の成分が実数だから

$$|\boldsymbol{a}|\geqq 0$$

という関係式が成り立つ．特に大きさが 1 のベクトルを**単位ベクトル**という．

例題 1.7 $\boldsymbol{a}=\begin{pmatrix}4\\3\end{pmatrix}$，$\boldsymbol{b}=\begin{pmatrix}5\\5\end{pmatrix}$ とする．$\boldsymbol{a}$ と同じ向きの単位ベクトル $\boldsymbol{u}$ を求めよ．また $\boldsymbol{a}$ と同じ向きで $\boldsymbol{b}$ と同じ大きさのベクトル $\boldsymbol{v}$ を求めよ．

(解) $\boldsymbol{a}$ を $|\boldsymbol{a}|$ で割ると，$\boldsymbol{a}$ と同じ向きの単位ベクトルになる．
$|\boldsymbol{a}|=\sqrt{4^2+3^2}=5$ から，求める単位ベクトルは

$$\boldsymbol{u}=\frac{\boldsymbol{a}}{|\boldsymbol{a}|}=\frac{1}{5}\begin{pmatrix}4\\3\end{pmatrix}$$

また，単位ベクトル $\boldsymbol{u}$ を $|\boldsymbol{b}|$ 倍すれば，$\boldsymbol{a}$ と同じ向きで，大きさが $|\boldsymbol{b}|$ のベクトルになる．
$|\boldsymbol{b}|=\sqrt{5^2+5^2}=5\sqrt{2}$ から，求めるベクトルは

$$|\boldsymbol{b}|\boldsymbol{u}=\frac{5\sqrt{2}}{5}\begin{pmatrix}4\\3\end{pmatrix}=\sqrt{2}\begin{pmatrix}4\\3\end{pmatrix}$$

演習 1.7 ベクトル $\boldsymbol{a}=\begin{pmatrix}1\\2\end{pmatrix}$ と同じ向きで大きさが 5 のベクトルを求めよ．

大きさと角度

$$|\boldsymbol{a}-t\boldsymbol{b}|^2=(\boldsymbol{a}-t\boldsymbol{b})\cdot(\boldsymbol{a}-t\boldsymbol{b})=|\boldsymbol{b}|^2t^2-2\boldsymbol{a}\cdot\boldsymbol{b}t+|\boldsymbol{a}|^2\geqq 0$$

がすべての実数 t について成り立つから，t についての 2 次不等式の成立条件，すなわち（判別式）$\leqq 0$ から，

$$(\boldsymbol{a}\cdot\boldsymbol{b})^2-|\boldsymbol{a}|^2|\boldsymbol{b}|^2 \leqq 0 \tag{1.3}$$

すなわち，

$$-|\boldsymbol{a}||\boldsymbol{b}| \leqq \boldsymbol{a}\cdot\boldsymbol{b} \leqq |\boldsymbol{a}||\boldsymbol{b}| \qquad (1.3)'$$

という関係式が成り立つ．

O(0)，A($\boldsymbol{a}$)，B($\boldsymbol{b}$) において，$\overrightarrow{\mathrm{AB}}$ の大きさの 2 乗は

$$|\overrightarrow{\mathrm{AB}}|^2=\overrightarrow{\mathrm{AB}}\cdot\overrightarrow{\mathrm{AB}}=(\boldsymbol{b}-\boldsymbol{a})\cdot(\boldsymbol{b}-\boldsymbol{a})=|\boldsymbol{b}|^2-2\boldsymbol{a}\cdot\boldsymbol{b}+|\boldsymbol{a}|^2$$

となる．

平面上の三角形 OAB に関する余弦定理

$$\mathrm{AB}^2=\mathrm{OA}^2+\mathrm{OB}^2-2\mathrm{OA}\cdot\mathrm{OB}\cos\angle\mathrm{AOB}$$

と比較してみよう．$|\boldsymbol{a}|=\mathrm{OA}$，$|\boldsymbol{b}|=\mathrm{OB}$，$|\overrightarrow{\mathrm{AB}}|=\mathrm{AB}$，$\boldsymbol{a}$ と $\boldsymbol{b}$ の**なす角**を θ とすると $\angle\mathrm{AOB}=\theta$ だから

$$\cos\theta=\frac{\boldsymbol{a}\cdot\boldsymbol{b}}{|\boldsymbol{a}||\boldsymbol{b}|}$$

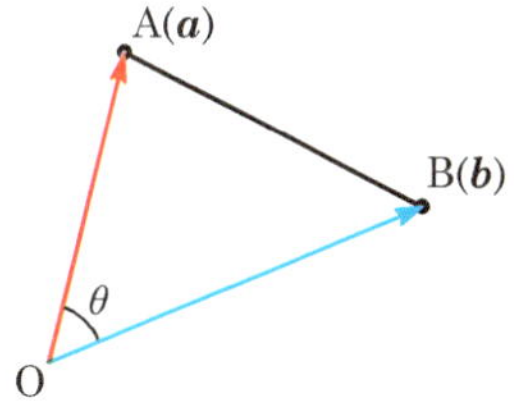

図 1.13

このとき，(1.3)′式から $-1\leqq\cos\theta\leqq 1$ である．

$\boldsymbol{a}$ と $\boldsymbol{b}$ のなす角 θ はこのように定められる．

例題 1.8　2 つのベクトル $\boldsymbol{a}=\begin{pmatrix}2\\1\end{pmatrix}$，$\boldsymbol{b}=\begin{pmatrix}1\\3\end{pmatrix}$ のなす角 θ を求めよ．

(解)　$|\boldsymbol{a}|=\sqrt{2^2+1^2}=\sqrt{5}$，$|\boldsymbol{b}|=\sqrt{1^2+3^2}=\sqrt{10}$ と，

$\boldsymbol{a}\cdot\boldsymbol{b}=2\times 1+1\times 3=5$ より

$$\cos\theta=\frac{\boldsymbol{a}\cdot\boldsymbol{b}}{|\boldsymbol{a}||\boldsymbol{b}|}=\frac{5}{\sqrt{5}\sqrt{10}}=\frac{1}{\sqrt{2}}$$

よって，$\theta=\dfrac{\pi}{4}$．

演習 1.8　$\boldsymbol{a}=\begin{pmatrix}1\\2\end{pmatrix}$，$\boldsymbol{b}=\begin{pmatrix}3\\1\end{pmatrix}$ とする．次を求めよ．

(1)　$|\boldsymbol{a}|$　(2)　$|\boldsymbol{b}|$　(3)　$\boldsymbol{a}\cdot\boldsymbol{b}$　(4)　$\boldsymbol{a}$，$\boldsymbol{b}$ のなす角

内積は $\boldsymbol{a}\cdot\boldsymbol{b}=|\boldsymbol{a}||\boldsymbol{b}|\cos\theta$ であることがわかる．高校の教科書ではこちらを内積の定義にしている．

例題 1.9　$|\boldsymbol{a}|=1$，$|\boldsymbol{b}|=2$，$|\boldsymbol{a}-\boldsymbol{b}|=\sqrt{7}$ のとき，次を求めよ．
(1)　$\boldsymbol{a}\cdot\boldsymbol{b}$　(2)　$|\boldsymbol{a}+\boldsymbol{b}|$　(3)　$\boldsymbol{a}$，$\boldsymbol{b}$ のなす角を θ とするときの $\cos\theta$ および θ

(解)　(1)　$|\boldsymbol{a}-\boldsymbol{b}|^2=|\boldsymbol{a}|^2-2\boldsymbol{a}\cdot\boldsymbol{b}+|\boldsymbol{b}|^2=1-2\boldsymbol{a}\cdot\boldsymbol{b}+4=7$
より，$\boldsymbol{a}\cdot\boldsymbol{b}=\underline{-1}$.
(2)　$|\boldsymbol{a}+\boldsymbol{b}|^2=|\boldsymbol{a}|^2+2\boldsymbol{a}\cdot\boldsymbol{b}+|\boldsymbol{b}|^2=1+2(-1)+4=3$
より，$|\boldsymbol{a}+\boldsymbol{b}|=\underline{\sqrt{3}}$.
(3)　$\cos\theta=\dfrac{\boldsymbol{a}\cdot\boldsymbol{b}}{|\boldsymbol{a}||\boldsymbol{b}|}=\dfrac{-1}{1\times 2}=\underline{-\dfrac{1}{2}}$ より，$\theta=\underline{\dfrac{2}{3}}\pi$.

演習 1.9　$|\boldsymbol{a}|=2$，$|\boldsymbol{b}|=2$，$\boldsymbol{a}$，$\boldsymbol{b}$ のなす角が $\dfrac{\pi}{3}$ のとき，次を求めよ．
(1)　$\boldsymbol{a}\cdot\boldsymbol{b}$　(2)　$|\boldsymbol{a}+\boldsymbol{b}|$　(3)　$|\boldsymbol{a}-2\boldsymbol{b}|$　(4)　$\boldsymbol{a}+\boldsymbol{b}$ と $\boldsymbol{a}-2\boldsymbol{b}$ のなす角を $\theta\,(0\leqq\theta\leqq\pi)$ とするとき，$\cos\theta$ および θ

なお，(1.3) 式を成分で表すと，a_1，a_2，$\cdots$，a_n，b_1，b_2，$\cdots$，b_n が実数のとき，

$$(a_1b_1+a_2b_2+\cdots+a_nb_n)^2\leqq(a_1{}^2+a_2{}^2+\cdots+a_n{}^2)(b_1{}^2+b_2{}^2+\cdots+b_n{}^2)$$

となる．この不等式を**コーシー・シュワルツの不等式**という．

内積の図形的な意味

$\boldsymbol{a}\cdot\boldsymbol{b}=|\boldsymbol{a}||\boldsymbol{b}|\cos\theta$ の図形的な意味を考えてみよう．$|\boldsymbol{a}|\neq 0$，$|\boldsymbol{b}|\neq 0$ のとき，
(1)　$\boldsymbol{a}\cdot\boldsymbol{b}=0$ なら $\boldsymbol{a}\perp\boldsymbol{b}$ を意味し，$\boldsymbol{a}\cdot\boldsymbol{b}>0$ なら，$\boldsymbol{a}$ と $\boldsymbol{b}$ のなす角は鋭角で，$\boldsymbol{a}\cdot\boldsymbol{b}<0$ なら，$\boldsymbol{a}$ と $\boldsymbol{b}$ のなす角は鈍角であることを意味する．
(2)　$\boldsymbol{a}$ と $\boldsymbol{b}$ の始点をそろえて，$\boldsymbol{b}$ の終点を $\boldsymbol{a}$ を含む直線へ正射影してできるベクトル $\boldsymbol{b}'$ を $\boldsymbol{b}$ の $\boldsymbol{a}$ への**正射影**

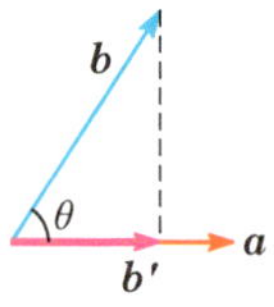

図 1.14

ベクトルとよぶ.

$\boldsymbol{a}$ と $\boldsymbol{b}$ のなす角を θ とすると, $|\boldsymbol{b}'|=|\boldsymbol{b}||\cos\theta|$ であり, $\boldsymbol{a}$ と $\boldsymbol{b}'$ は $\cos\theta>0$ のときは同じ向きで, $\cos\theta<0$ のときは逆向きになる. したがって,

$$\boldsymbol{b}'=|\boldsymbol{b}|\cos\theta\frac{\boldsymbol{a}}{|\boldsymbol{a}|}=\frac{\boldsymbol{a}\cdot\boldsymbol{b}}{|\boldsymbol{a}|^2}\boldsymbol{a}$$

である. また, $\boldsymbol{a}\cdot\boldsymbol{b}=\boldsymbol{a}\cdot\boldsymbol{b}'$ である. 内積 $\boldsymbol{a}\cdot\boldsymbol{b}$ は $\boldsymbol{a}$ と $\boldsymbol{b}$ の $\boldsymbol{a}$ への正射影ベクトル $\boldsymbol{b}'$ との内積でもある.

平行な2つのベクトルの内積は同じ向きのときは大きさの積であり, 逆向きのときは大きさの積に $-$ をつけたものになる.

例題 1.10 ベクトル $\boldsymbol{a}=\begin{pmatrix}-1\\2\end{pmatrix}$ と $\boldsymbol{b}=\begin{pmatrix}3\\4\end{pmatrix}$ について, $\boldsymbol{a}$ の $\boldsymbol{b}$ への正射影ベクトル $\boldsymbol{a}'$ を求めよ.

(解) $\boldsymbol{a}'=\dfrac{\boldsymbol{a}\cdot\boldsymbol{b}}{|\boldsymbol{b}|^2}\boldsymbol{b}$

$|\boldsymbol{b}|^2=3^2+4^2=25$, $\boldsymbol{a}\cdot\boldsymbol{b}=-1\times3+2\times4=5$

よって,

$$\boldsymbol{a}'=\frac{5}{25}\boldsymbol{b}=\underline{\frac{1}{5}\begin{pmatrix}3\\4\end{pmatrix}}$$

演習 1.10 ベクトル $\boldsymbol{a}$, $\boldsymbol{b}$ において, $|\boldsymbol{a}|=2$, $|\boldsymbol{b}|=3$, $\boldsymbol{a}$, $\boldsymbol{b}$ のなす角が 45° であるとする. $\boldsymbol{a}$ の $\boldsymbol{b}$ への正射影ベクトルを求めよ.

内積と直線平面

(1) 平面上に点 $\mathrm{P}_0(\boldsymbol{p}_0)$ を通り, ベクトル $\boldsymbol{n}$ に垂直な直線 l があるとき, l 上の点 $\mathrm{P}(\boldsymbol{p})$ がみたす方程式は次の式である.

$$\boldsymbol{n}\cdot(\boldsymbol{p}-\boldsymbol{p}_0)=0$$

$\boldsymbol{n}=\begin{pmatrix}a\\b\end{pmatrix}$, $\boldsymbol{p}=\begin{pmatrix}x\\y\end{pmatrix}$, $\boldsymbol{p}_0=\begin{pmatrix}x_0\\y_0\end{pmatrix}$ なら, $ax+by-ax_0-by_0=0$ と書けるが, $-ax_0-by_0$ は定数なのでこれを c とおくと, 一般の直線の方程式

$$l: ax+by+c=0$$

がえられる．ここで，$\boldsymbol{n}=\begin{pmatrix} a \\ b \end{pmatrix}$は l に垂直なベクトル（法線ベクトル）である．l の方程式の x，y の係数は l の法線ベクトルの成分である．

(2)　空間に点 $\mathrm{P}_0(\boldsymbol{p}_0)$ を通り，ベクトル $\boldsymbol{n}$ に垂直な平面 π があるとき，π 上の点 $\mathrm{P}(\boldsymbol{p})$ がみたす方程式は

$$\boldsymbol{n}\cdot(\boldsymbol{p}-\boldsymbol{p}_0)=0$$

$\boldsymbol{n}=\begin{pmatrix} a \\ b \\ c \end{pmatrix}$，$\boldsymbol{p}=\begin{pmatrix} x \\ y \\ z \end{pmatrix}$，$\boldsymbol{p}_0=\begin{pmatrix} x_0 \\ y_0 \\ z_0 \end{pmatrix}$なら，$ax+by+cz-ax_0-by_0-cz_0=0$ と書けるが，$-ax_0-by_0-cz_0$ は定数なのでこれを d とおくと，一般の平面の方程式

$$\pi : ax+by+cz+d=0$$

がえられる．ここで，$\boldsymbol{n}=\begin{pmatrix} a \\ b \\ c \end{pmatrix}$は平面 π に垂直なベクトル（法線ベクトル）である．π の方程式の x，y，z の係数は平面 π の法線ベクトルの成分である．

例題 1.11　ベクトル $\boldsymbol{n}=\begin{pmatrix} 1 \\ 2 \\ 2 \end{pmatrix}$に垂直で，点 A(1，2，3) を通る平面の方程式を求めよ．

（解）　平面上の点 $\mathrm{P}(x, y, z)$ に対して，$\mathrm{AP}\perp\boldsymbol{n}$，$\overrightarrow{\mathrm{AP}}=\begin{pmatrix} x-1 \\ y-2 \\ z-3 \end{pmatrix}$で $\boldsymbol{n}\cdot\overrightarrow{\mathrm{AP}}=0$ となるから，$1(x-1)+2(y-2)+2(z-3)=x+2y+2z-11=0$ である．

よって，求める方程式は

$$\underline{x+2y+2z=11}$$

演習 1.11　ベクトル $\boldsymbol{n}=\begin{pmatrix} 1 \\ 2 \end{pmatrix}$に垂直で，点 A(1，2) を通る直線の方程式を求めよ．

内積と面積

(1)　平行四辺形 OABC の面積は $\sqrt{|\overrightarrow{OA}|^2|\overrightarrow{OC}|^2-(\overrightarrow{OA}\cdot\overrightarrow{OC})^2}$

(2)　OABC が座標平面上の平行四辺形で $\overrightarrow{OA}=\begin{pmatrix} a \\ b \end{pmatrix}$, $\overrightarrow{OC}=\begin{pmatrix} c \\ d \end{pmatrix}$ であるとき，その面積は $|ad-bc|$（絶対値）となる．　(1.4)

(3)　OABC が座標空間上の平行四辺形で $\overrightarrow{OA}=\begin{pmatrix} a \\ b \\ c \end{pmatrix}$, $\overrightarrow{OC}=\begin{pmatrix} p \\ q \\ r \end{pmatrix}$ であるとき，その面積は $\sqrt{(br-cq)^2+(cp-ar)^2+(aq-bp)^2}$ となる．(1.5)

（証明）　(1)　$\angle AOC=\theta$ とすると（図 1.15），

$$\square OABC = OA\cdot OC\sin\theta$$

$$\cos\theta=\frac{\overrightarrow{OA}\cdot\overrightarrow{OC}}{|\overrightarrow{OA}||\overrightarrow{OC}|},\quad \sin\theta=\sqrt{1-\cos^2\theta}$$

から

$$\square OABC = |\overrightarrow{OA}||\overrightarrow{OC}|\sqrt{1-\cos^2\theta}$$

$$=|\overrightarrow{OA}||\overrightarrow{OC}|\sqrt{1-\left(\frac{\overrightarrow{OA}\cdot\overrightarrow{OC}}{|\overrightarrow{OA}||\overrightarrow{OC}|}\right)^2}$$

$$=\sqrt{|\overrightarrow{OA}|^2|\overrightarrow{OC}|^2-(\overrightarrow{OA}\cdot\overrightarrow{OC})^2}$$ （証明終）

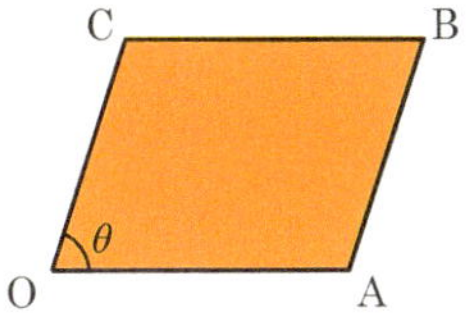

図 1.15

(2)　(1) の結果に $\overrightarrow{OA}=\begin{pmatrix} a \\ b \end{pmatrix}$, $\overrightarrow{OC}=\begin{pmatrix} c \\ d \end{pmatrix}$ を代入すると，

$$\square OABC=\sqrt{(a^2+b^2)(c^2+d^2)-(ac+bd)^2}=\sqrt{a^2d^2-2abcd+b^2c^2}$$

$$=\sqrt{(ad-bc)^2}=|ad-bc|$$ （証明終）

(3)　(1) の結果に $\overrightarrow{OA}=\begin{pmatrix} a \\ b \\ c \end{pmatrix}$, $\overrightarrow{OC}=\begin{pmatrix} p \\ q \\ r \end{pmatrix}$ を代入すると，

$$\square OABC=\sqrt{(a^2+b^2+c^2)(p^2+q^2+r^2)-(ap+bq+cr)^2}$$

$$= \sqrt{a^2q^2 + a^2r^2 + b^2p^2 + b^2r^2 + c^2p^2 + c^2q^2 - 2abpq - 2bcqr - 2carp}$$

$$= \sqrt{(br-cq)^2 + (cp-ar)^2 + (aq-bp)^2} \quad \text{（証明終）}$$

（1.5）式を無理して覚える必要はない．あとでこの結果を使うために導いた．なお，三角形の面積は平行四辺形の面積の半分だから，

$$\triangle \mathrm{OAB} = \frac{1}{2}\sqrt{|\overrightarrow{\mathrm{OA}}|^2|\overrightarrow{\mathrm{OB}}|^2 - (\overrightarrow{\mathrm{OA}} \cdot \overrightarrow{\mathrm{OB}})^2}$$

である．

例題 1.12 平面における三角形 ABC において，$|\overrightarrow{\mathrm{AB}}| = 5$，$|\overrightarrow{\mathrm{AC}}| = 2$，$\overrightarrow{\mathrm{AB}} \cdot \overrightarrow{\mathrm{AC}} = 6$ のとき，三角形 ABC の面積を求めよ．

（解） $\triangle \mathrm{ABC} = \frac{1}{2}\sqrt{|\overrightarrow{\mathrm{AB}}|^2|\overrightarrow{\mathrm{AC}}|^2 - (\overrightarrow{\mathrm{AB}} \cdot \overrightarrow{\mathrm{AC}})^2} = \frac{1}{2}\sqrt{5^2 2^2 - 6^2} = \underline{4}$

演習 1.12 空間座標における三角形 OAB において，O を原点，A(1, 2, 2)，B(−1, 1, 4) とするとき，三角形 OAB の面積を求めよ．

1.3 外積（ベクトル積）と空間図形

外積の定義

$\boldsymbol{i}=\begin{pmatrix}1\\0\\0\end{pmatrix}$, $\boldsymbol{j}=\begin{pmatrix}0\\1\\0\end{pmatrix}$, $\boldsymbol{k}=\begin{pmatrix}0\\0\\1\end{pmatrix}$とするとき，これらに対する外積を

$$\boldsymbol{j}\times\boldsymbol{k}=-\boldsymbol{k}\times\boldsymbol{j}=\boldsymbol{i},\quad \boldsymbol{k}\times\boldsymbol{i}=-\boldsymbol{i}\times\boldsymbol{k}=\boldsymbol{j},\quad \boldsymbol{i}\times\boldsymbol{j}=-\boldsymbol{j}\times\boldsymbol{i}=\boldsymbol{k},$$

$$\boldsymbol{i}\times\boldsymbol{i}=\boldsymbol{j}\times\boldsymbol{j}=\boldsymbol{k}\times\boldsymbol{k}=\boldsymbol{0}$$

と定める．さらに外積について，線形性

$$(\alpha\boldsymbol{a}+\beta\boldsymbol{b})\times\boldsymbol{c}=\alpha\boldsymbol{a}\times\boldsymbol{c}+\beta\boldsymbol{b}\times\boldsymbol{c},\quad \boldsymbol{a}\times(\beta\boldsymbol{b}+\gamma\boldsymbol{c})=\beta\boldsymbol{a}\times\boldsymbol{b}+\gamma\boldsymbol{a}\times\boldsymbol{c}$$

が成り立つとする．

このとき，$\boldsymbol{a}=a\boldsymbol{i}+b\boldsymbol{j}+c\boldsymbol{k}=\begin{pmatrix}a\\b\\c\end{pmatrix}$, $\boldsymbol{b}=p\boldsymbol{i}+q\boldsymbol{j}+r\boldsymbol{k}=\begin{pmatrix}p\\q\\r\end{pmatrix}$について，

$$\begin{aligned}\boldsymbol{a}\times\boldsymbol{b}&=(a\boldsymbol{i}+b\boldsymbol{j}+c\boldsymbol{k})\times(p\boldsymbol{i}+q\boldsymbol{j}+r\boldsymbol{k})\\&=(br-cq)\boldsymbol{i}+(cp-ar)\boldsymbol{j}+(aq-bp)\boldsymbol{k}=\begin{pmatrix}br-cq\\cp-ar\\aq-bp\end{pmatrix}\end{aligned}$$

が成り立つ．これを**外積**または**ベクトル積**と改めて定義する．

外積は 3 次元ベクトルについてのみ定義される．

例題 1.13

$\boldsymbol{a}=\begin{pmatrix}1\\2\\2\end{pmatrix}$, $\boldsymbol{b}=\begin{pmatrix}2\\1\\-2\end{pmatrix}$とするとき，$\boldsymbol{a}\times\boldsymbol{b}$を求めよ．

（解）

$$\boldsymbol{a}\times\boldsymbol{b}=\begin{pmatrix}2\times(-2)-2\times1\\2\times2-1\times(-2)\\1\times1-2\times2\end{pmatrix}=\begin{pmatrix}-6\\6\\-3\end{pmatrix}=3\begin{pmatrix}-2\\2\\-1\end{pmatrix}$$

演習 1.13 $\boldsymbol{a}=\begin{pmatrix}1\\2\\3\end{pmatrix}$, $\boldsymbol{b}=\begin{pmatrix}1\\1\\2\end{pmatrix}$, $\boldsymbol{c}=\begin{pmatrix}2\\2\\3\end{pmatrix}$ とするとき，$\boldsymbol{a}\times\boldsymbol{b}$, $\boldsymbol{b}\times\boldsymbol{c}$, $\boldsymbol{c}\times\boldsymbol{a}$ を求めよ．

外積の成分と平行四辺形の面積

外積の大きさ $\sqrt{(br-cq)^2+(cp-ar)^2+(aq-bp)^2}$ は（1.5）式から，$\boldsymbol{a}$, $\boldsymbol{b}$ を2辺とする平行四辺形の面積であることがわかる．

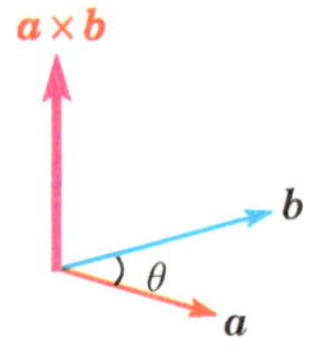

図 1.16

$\boldsymbol{a}$ と $\boldsymbol{b}$ のなす角を $\theta\,(0\leqq\theta\leqq\pi)$ とすると，平行四辺形の面積は $|\boldsymbol{a}||\boldsymbol{b}|\sin\theta$ と書けるから，

$$|\boldsymbol{a}\times\boldsymbol{b}|=|\boldsymbol{a}||\boldsymbol{b}|\sin\theta \tag{1.6}$$

また，

$$\boldsymbol{a}\cdot(\boldsymbol{a}\times\boldsymbol{b})=\boldsymbol{b}\cdot(\boldsymbol{a}\times\boldsymbol{b})=0$$

（証明） $\boldsymbol{a}=\begin{pmatrix}a\\b\\c\end{pmatrix}$, $\boldsymbol{b}=\begin{pmatrix}p\\q\\r\end{pmatrix}$ とすると，$\boldsymbol{a}\times\boldsymbol{b}=\begin{pmatrix}br-cq\\cp-ar\\aq-bp\end{pmatrix}$,

$$\boldsymbol{a}\cdot(\boldsymbol{a}\times\boldsymbol{b})=a(br-cq)+b(cp-ar)+c(aq-bp)=0 \quad \text{（証明終）}$$

$\boldsymbol{b}\cdot(\boldsymbol{a}\times\boldsymbol{b})=0$ も同様に確かめられる．（証明終）

したがって，$\boldsymbol{a}\times\boldsymbol{b}$ は $\boldsymbol{a}$, $\boldsymbol{b}$ に垂直．また，向きは $\boldsymbol{a}$ を平面内で回転して $\boldsymbol{b}$ に近回りして重ねるのと同じ向きに右ねじを回転させるとき，右ねじが向かう向きである．これを，**右ねじの法則**という．また，$\boldsymbol{a}$ を右手の親指，$\boldsymbol{b}$ を人差し指にしたときの中指の方向が $\boldsymbol{a}\times\boldsymbol{b}$ の方向ともとらえられる．

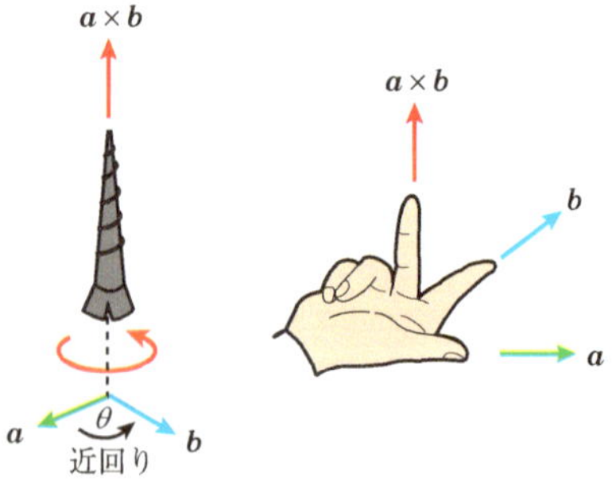

図 1.17

各成分は，平行四辺形を，yz 平面，zx 平面，xy 平面に正射影してできる平行四辺形の面積である．

ただし，この向きになるのは，z 軸の向きが x 軸から y 軸向かって回転した右ねじが進む方向であるときである（右手系，右手の親指，人差指，中指がそれぞれ x 軸，y 軸，z 軸に対応させられる座標系）．

外積の成分は後で述べる 2 次の行列式の形をしている．

例題 1.14 O(0, 0, 0), A(1, 3, 2), B(4, 4, 4), C(3, 1, 2) を頂点とする平行四辺形の面積を求め，この平行四辺形を含む平面に垂直なベクトルを 1 つ求めよ．

（解） $\overrightarrow{OA} = \begin{pmatrix} 1 \\ 3 \\ 2 \end{pmatrix}$, $\overrightarrow{OC} = \begin{pmatrix} 3 \\ 1 \\ 2 \end{pmatrix}$ であるから

$$\overrightarrow{OA} \times \overrightarrow{OC} = \begin{pmatrix} 3\times2-2\times1 \\ 2\times3-1\times2 \\ 1\times1-3\times3 \end{pmatrix} = \begin{pmatrix} 4 \\ 4 \\ -8 \end{pmatrix} = 4\begin{pmatrix} 1 \\ 1 \\ -2 \end{pmatrix}$$

平行四辺形 OABC の面積は $\left|\overrightarrow{OA} \times \overrightarrow{OC}\right| = 4\sqrt{1^2+1^2+(-2)^2} = \underline{4\sqrt{6}}$

平面 OABC に垂直なベクトルの 1 つは $\underline{\begin{pmatrix} 1 \\ 1 \\ -2 \end{pmatrix}}$

演習 1.14 A(1, 2, 3), B(2, 3, 1), C(3, 1, 2) を頂点とする三角形の面積を求め，この三角形を含む平面に垂直なベクトルを 1 つ求めよ．

外積の演算公式

(1) **（交代則）** $\boldsymbol{a}\times\boldsymbol{b} = -\boldsymbol{b}\times\boldsymbol{a}$ (1.7.1)

(2) **（分配法則）** $\boldsymbol{a}\times(\boldsymbol{b}+\boldsymbol{c}) = \boldsymbol{a}\times\boldsymbol{b}+\boldsymbol{a}\times\boldsymbol{c}$

(3) $(k\boldsymbol{a})\times\boldsymbol{b} = k(\boldsymbol{a}\times\boldsymbol{b}) = \boldsymbol{a}\times(k\boldsymbol{b})$

以下では，これを（ ）をつけずに $k\boldsymbol{a}\times\boldsymbol{b}$ と書く．

(4) **（スカラー 3 重積）** $\boldsymbol{a}\cdot(\boldsymbol{b}\times\boldsymbol{c}) = \boldsymbol{b}\cdot(\boldsymbol{c}\times\boldsymbol{a}) = \boldsymbol{c}\cdot(\boldsymbol{a}\times\boldsymbol{b})$ (1.7.2)

(5) **（ベクトル 3 重積）** $\boldsymbol{a}\times(\boldsymbol{b}\times\boldsymbol{c}) = (\boldsymbol{a}\cdot\boldsymbol{c})\boldsymbol{b}-(\boldsymbol{a}\cdot\boldsymbol{b})\boldsymbol{c}$ (1.7.3)

(証明) $\boldsymbol{a}=\begin{pmatrix} a \\ b \\ c \end{pmatrix}$, $\boldsymbol{b}=\begin{pmatrix} p \\ q \\ r \end{pmatrix}$, $\boldsymbol{c}=\begin{pmatrix} l \\ m \\ n \end{pmatrix}$とする．

(1) $\boldsymbol{a}\times\boldsymbol{b}=\begin{pmatrix} br-cq \\ cp-ar \\ aq-bp \end{pmatrix}$, $\boldsymbol{b}\times\boldsymbol{a}=\begin{pmatrix} qc-rb \\ ra-pc \\ pb-qa \end{pmatrix}$だから，

$\boldsymbol{a}\times\boldsymbol{b}=-\boldsymbol{b}\times\boldsymbol{a}$ （証明終）

(2) $\boldsymbol{b}+\boldsymbol{c}=\begin{pmatrix} p+l \\ q+m \\ r+n \end{pmatrix}$より，

$$\boldsymbol{a}\times(\boldsymbol{b}+\boldsymbol{c})=\begin{pmatrix} b(r+n)-c(q+m) \\ c(p+l)-a(r+n) \\ a(q+m)-b(p+l) \end{pmatrix}$$

$$=\begin{pmatrix} br-cq \\ cp-ar \\ aq-bp \end{pmatrix}+\begin{pmatrix} bn-cm \\ cl-an \\ am-bl \end{pmatrix}=\boldsymbol{a}\times\boldsymbol{b}+\boldsymbol{a}\times\boldsymbol{c}$$ （証明終）

(3) $(k\boldsymbol{a})\times\boldsymbol{b}=\begin{pmatrix} ka \\ kb \\ kc \end{pmatrix}\times\begin{pmatrix} p \\ q \\ r \end{pmatrix}=\begin{pmatrix} kbr-kcq \\ kcp-kar \\ kaq-kbp \end{pmatrix}$

$$k(\boldsymbol{a}\times\boldsymbol{b})=k\begin{pmatrix} br-cq \\ cp-ar \\ aq-bp \end{pmatrix}=\begin{pmatrix} kbr-kcq \\ kcp-kar \\ kaq-kbp \end{pmatrix}$$

$$\boldsymbol{a}\times(k\boldsymbol{b})=\begin{pmatrix} a \\ b \\ c \end{pmatrix}\times\begin{pmatrix} kp \\ kq \\ kr \end{pmatrix}=\begin{pmatrix} bkr-ckq \\ ckp-akr \\ akq-bkp \end{pmatrix}$$

よって，$(k\boldsymbol{a})\times\boldsymbol{b}=k(\boldsymbol{a}\times\boldsymbol{b})=\boldsymbol{a}\times(k\boldsymbol{b})$が成り立つ．（証明終）

(4) $\boldsymbol{a}\cdot(\boldsymbol{b}\times\boldsymbol{c})=\begin{pmatrix} a \\ b \\ c \end{pmatrix}\cdot\begin{pmatrix} qn-rm \\ rl-pn \\ pm-ql \end{pmatrix}$

$$=a(qn-rm)+b(rl-pn)+c(pm-ql)$$

$$=p(mc-nb)+q(na-lc)+r(lb-ma)$$

$$= l(br - cq) + m(cp - ar) + n(aq - bp)$$

ここで，$\boldsymbol{c} \times \boldsymbol{a} = \begin{pmatrix} mc - nb \\ na - lc \\ lb - ma \end{pmatrix}$，$\boldsymbol{a} \times \boldsymbol{b} = \begin{pmatrix} br - cq \\ cp - ar \\ aq - bp \end{pmatrix}$だから，

$$\boldsymbol{a} \cdot (\boldsymbol{b} \times \boldsymbol{c}) = \boldsymbol{b} \cdot (\boldsymbol{c} \times \boldsymbol{a}) = \boldsymbol{c} \cdot (\boldsymbol{a} \times \boldsymbol{b}) \quad \text{（証明終）}$$

この関係式は平行六面体の体積としてあとで記述する．

(5) i，j，k の 3 文字を (i, j, k) が $(1, 2, 3)$，$(2, 3, 1)$，$(3, 1, 2)$ のどれかであるとして考える．つまり，$i=2$ なら $j=3$ で $k=1$ と考える．

$\boldsymbol{a}$，$\boldsymbol{b}$，$\boldsymbol{c}$ の第 i 成分を a_i，b_i，c_i とおくと，$\boldsymbol{b} \times \boldsymbol{c}$ の第 i 成分は $b_j c_k - b_k c_j$ である．

また，$\boldsymbol{b} \times \boldsymbol{c}$ の第 i 成分を $(\boldsymbol{b} \times \boldsymbol{c})_i$ と書くとする．$\boldsymbol{a} \times (\boldsymbol{b} \times \boldsymbol{c})$ の第 i 成分は

$$\begin{aligned} a_j(\boldsymbol{b} \times \boldsymbol{c})_k - a_k(\boldsymbol{b} \times \boldsymbol{c})_j &= a_j(b_i c_j - b_j c_i) - a_k(b_k c_i - b_i c_k) \\ &= (a_i c_i + a_j c_j + a_k c_k) b_i - (a_i b_i + a_j b_j + a_k b_k) c_i \\ &= (\boldsymbol{a} \cdot \boldsymbol{c}) b_i - (\boldsymbol{a} \cdot \boldsymbol{b}) c_i \end{aligned}$$

これは $i=1$，2，3 で成り立つから $\boldsymbol{a} \times (\boldsymbol{b} \times \boldsymbol{c}) = (\boldsymbol{a} \cdot \boldsymbol{c})\boldsymbol{b} - (\boldsymbol{a} \cdot \boldsymbol{b})\boldsymbol{c}$ （証明終）

例題 1.15 $\boldsymbol{a} = \begin{pmatrix} 1 \\ 2 \\ 3 \end{pmatrix}$，$\boldsymbol{b} = \begin{pmatrix} 3 \\ 1 \\ 2 \end{pmatrix}$，$\boldsymbol{c} = \begin{pmatrix} 2 \\ 3 \\ 1 \end{pmatrix}$ とするとき，次を求めよ．

(1) $\boldsymbol{a} \times \boldsymbol{b}$ (2) $(\boldsymbol{a} \times \boldsymbol{b}) \cdot \boldsymbol{c}$ (3) $(\boldsymbol{a} \times \boldsymbol{b}) \times \boldsymbol{c}$

（解） (1) $\boldsymbol{a} \times \boldsymbol{b} = \begin{pmatrix} 2 \times 2 - 3 \times 1 \\ 3 \times 3 - 1 \times 2 \\ 1 \times 1 - 2 \times 3 \end{pmatrix} = \underline{\begin{pmatrix} 1 \\ 7 \\ -5 \end{pmatrix}}$

(2) $(\boldsymbol{a} \times \boldsymbol{b}) \times \boldsymbol{c} = 1 \times 2 + 7 \times 3 + (-5) \times 1 = \underline{18}$

(3) $(\boldsymbol{a} \times \boldsymbol{b}) \times \boldsymbol{c} = \begin{pmatrix} 7 \times 1 - (-5) \times 3 \\ (-5) \times 2 - 1 \times 1 \\ 1 \times 3 - 7 \times 2 \end{pmatrix} = \underline{\begin{pmatrix} 22 \\ -11 \\ -11 \end{pmatrix}}$

(3) の【別計算】 $(\boldsymbol{a} \times \boldsymbol{b}) \times \boldsymbol{c} = \boldsymbol{c} \times (\boldsymbol{b} \times \boldsymbol{a}) = (\boldsymbol{c} \cdot \boldsymbol{a})\boldsymbol{b} - (\boldsymbol{c} \cdot \boldsymbol{b})\boldsymbol{a}$

$$= 11\begin{pmatrix}3\\1\\2\end{pmatrix} - 11\begin{pmatrix}1\\2\\3\end{pmatrix} = 11\begin{pmatrix}2\\-1\\-1\end{pmatrix}$$

演習 1.15 $\boldsymbol{i}=\begin{pmatrix}1\\0\\0\end{pmatrix}$, $\boldsymbol{j}=\begin{pmatrix}0\\1\\0\end{pmatrix}$, $\boldsymbol{k}=\begin{pmatrix}0\\0\\1\end{pmatrix}$とし，$\boldsymbol{a}=\alpha\boldsymbol{i}+\alpha\boldsymbol{j}+\beta\boldsymbol{k}$, $\boldsymbol{b}=\alpha\boldsymbol{i}-\alpha\boldsymbol{j}+\beta\boldsymbol{k}$, $\boldsymbol{c}=-\alpha\boldsymbol{i}-\alpha\boldsymbol{j}+\beta\boldsymbol{k}$, $\boldsymbol{d}=-\alpha\boldsymbol{i}+\alpha\boldsymbol{j}+\beta\boldsymbol{k}$ とする．このとき，次を $\boldsymbol{i}$, $\boldsymbol{j}$, $\boldsymbol{k}$ で表せ．

(1) $\boldsymbol{a}\times\boldsymbol{c}$　　(2) $\boldsymbol{b}\times\boldsymbol{d}$

(3) $(\boldsymbol{a}\times\boldsymbol{c})\cdot(\boldsymbol{b}\times\boldsymbol{d})$　　(4) $(\boldsymbol{a}\times\boldsymbol{c})\times(\boldsymbol{b}\times\boldsymbol{d})$

例題 1.16 任意の空間ベクトル $\boldsymbol{a}$, $\boldsymbol{b}$, $\boldsymbol{c}$ について，以下を証明せよ．

(1) $\boldsymbol{a}\times\boldsymbol{a}=\boldsymbol{0}$　　(2) $\boldsymbol{a}\cdot(\boldsymbol{a}\times\boldsymbol{b})=0$

(3) $\boldsymbol{a}\times(\boldsymbol{b}\times\boldsymbol{c})+\boldsymbol{b}\times(\boldsymbol{c}\times\boldsymbol{a})+\boldsymbol{c}\times(\boldsymbol{a}\times\boldsymbol{b})=\boldsymbol{0}$

(解) (1) $\boldsymbol{a}$ と $\boldsymbol{a}$ のなす角は 0 だから（1.6）式から $|\boldsymbol{a}\times\boldsymbol{a}|=0$ よって，$\boldsymbol{a}\times\boldsymbol{a}=\boldsymbol{0}$.（証明終）

【別証】（1.7.1）式から，$\boldsymbol{a}\times\boldsymbol{a}=-\boldsymbol{a}\times\boldsymbol{a}$ よって，$\boldsymbol{a}\times\boldsymbol{a}=\boldsymbol{0}$.（証明終）

(2) $\boldsymbol{a}\times\boldsymbol{b}$ は $\boldsymbol{a}$ に垂直．よって，$\boldsymbol{a}\cdot(\boldsymbol{a}\times\boldsymbol{b})=0$.（証明終）

【別証】（1.7.2）式から，$\boldsymbol{a}\cdot(\boldsymbol{a}\times\boldsymbol{b})=\boldsymbol{b}\cdot(\boldsymbol{a}\times\boldsymbol{a})=\boldsymbol{b}\cdot\boldsymbol{0}=0$.（証明終）

(3)（1.7.3）式から

$$\boldsymbol{a}\times(\boldsymbol{b}\times\boldsymbol{c})=(\boldsymbol{a}\cdot\boldsymbol{c})\boldsymbol{b}-(\boldsymbol{a}\cdot\boldsymbol{b})\boldsymbol{c}$$

$$\boldsymbol{b}\times(\boldsymbol{c}\times\boldsymbol{a})=(\boldsymbol{b}\cdot\boldsymbol{a})\boldsymbol{c}-(\boldsymbol{b}\cdot\boldsymbol{c})\boldsymbol{a}$$

$$\boldsymbol{c}\times(\boldsymbol{a}\times\boldsymbol{b})=(\boldsymbol{c}\cdot\boldsymbol{b})\boldsymbol{a}-(\boldsymbol{c}\cdot\boldsymbol{a})\boldsymbol{b}$$

よって，

$$\boldsymbol{a}\times(\boldsymbol{b}\times\boldsymbol{c})+\boldsymbol{b}\times(\boldsymbol{c}\times\boldsymbol{a})+\boldsymbol{c}\times(\boldsymbol{a}\times\boldsymbol{b})$$

$$=(\boldsymbol{a}\cdot\boldsymbol{c})\boldsymbol{b}-(\boldsymbol{a}\cdot\boldsymbol{b})\boldsymbol{c}+(\boldsymbol{b}\cdot\boldsymbol{a})\boldsymbol{c}-(\boldsymbol{b}\cdot\boldsymbol{c})\boldsymbol{a}+(\boldsymbol{c}\cdot\boldsymbol{b})\boldsymbol{a}-(\boldsymbol{c}\cdot\boldsymbol{a})\boldsymbol{b}=\boldsymbol{0}$$

（証明終）

この式をヤコビの恒等式という．

演習 1.16 任意の空間ベクトル $\boldsymbol{a}$, $\boldsymbol{b}$, $\boldsymbol{c}$, $\boldsymbol{d}$ について，以下を証明せよ．

(1) $(\boldsymbol{a}\times\boldsymbol{b})\cdot(\boldsymbol{c}\times\boldsymbol{d})=(\boldsymbol{a}\cdot\boldsymbol{c})(\boldsymbol{b}\cdot\boldsymbol{d})-(\boldsymbol{a}\cdot\boldsymbol{d})(\boldsymbol{b}\cdot\boldsymbol{c})$

(2) $(\boldsymbol{a}\times\boldsymbol{b})\times(\boldsymbol{c}\times\boldsymbol{d})=\{\boldsymbol{c}\cdot(\boldsymbol{d}\times\boldsymbol{a})\}\boldsymbol{b}-\{\boldsymbol{c}\cdot(\boldsymbol{d}\times\boldsymbol{b})\}\boldsymbol{a}$

面積ベクトルの和

外積を平行四辺形の面積として説明したが，もう少し，外積について考察してみよう．

図形の面積に向きを考えると，向きと大きさをもつからベクトルになる．このベクトルを**面積ベクトル**という．面積を考えるのは平面図形だからその平面図形に垂直な方向をベクトルの向きとする．立体図形ではその立体の表面に対して垂直な向きをとる．平行四辺形の面積ベクトルの成分はそれぞれ座標軸に垂直な平面への正射影の面積であった．面積ベクトルの x, y, z 成分はそれぞれ今考えている図形の yz 平面, zx 平面, xy 平面への正射影の（符号付きの）面積である．異なる向きの平面上にある 2 つの図形の面積ベクトルの和の z 成分は 2 つの図形の xy 平面上への正射影の面積の和である．一般に，面積ベクトル $\boldsymbol{S}$ と単位ベクトル $\boldsymbol{e}$ の内積 $\boldsymbol{S}\cdot\boldsymbol{e}$ は $\boldsymbol{S}$ を表す図形の $\boldsymbol{e}$ に垂直な平面への正射影の（符号付きの）面積である．

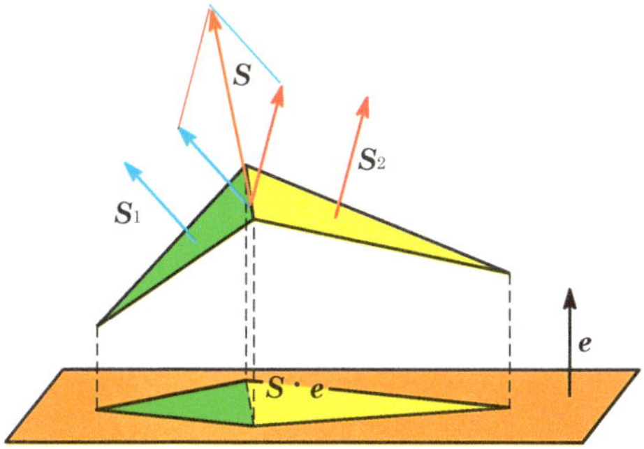

図 1.18

$|\boldsymbol{S}|$ は $\boldsymbol{e}$ の向きをいろいろ変化させたときの，$\boldsymbol{S}\cdot\boldsymbol{e}$ の最大値である．それは考えている図形の正射影の最大値である．$\boldsymbol{S}$ が単一の平面図形の面積ベクトルなら $|\boldsymbol{S}|$ はその図形の面積である．

空間の多面体の各面の面積ベクトルを多面体の外側を向きとしてとるとき，その面積ベクトルの総和は $\boldsymbol{0}$ である．なぜなら多面体をどの方向から見ても正射影の面積の和は裏側にある面と相殺して0になるからである．

平行六面体の体積

図 1.19 のような**平行六面体**の体積を考える．ただし，$\overrightarrow{\mathrm{OA}}=\boldsymbol{a}$，$\overrightarrow{\mathrm{OB}}=\boldsymbol{b}$，$\overrightarrow{\mathrm{OC}}=\boldsymbol{c}$ とする．

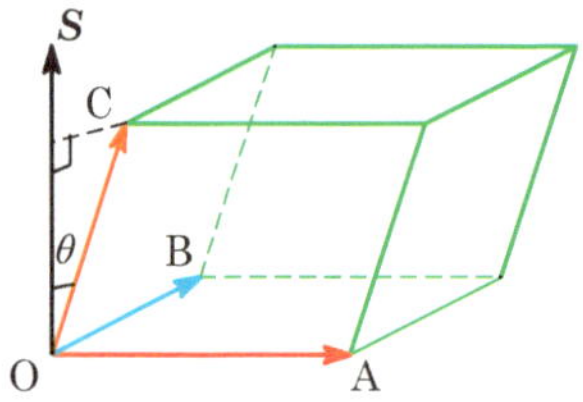

図 1.19

底面積ベクトルは $\boldsymbol{S}=\boldsymbol{a}\times\boldsymbol{b}$ で $|\boldsymbol{S}|$ が底面積である．高さはCから底面へ下した垂線の長さであるが，$\boldsymbol{S}$ と $\boldsymbol{c}$ のなす角を θ とおけば，$|\boldsymbol{c}||\cos\theta|$ である．よって，平行六面体の体積は

$$|\boldsymbol{S}||\boldsymbol{c}||\cos\theta|=|\boldsymbol{S}\cdot\boldsymbol{c}|=|(\boldsymbol{a}\times\boldsymbol{b})\cdot\boldsymbol{c}|$$

である．

体積はどの面を底辺とするかということによって変化しないことを考えると，当然のことなのである．(1.7.2) 式からも，$\boldsymbol{a}$，$\boldsymbol{b}$，$\boldsymbol{c}$ を取り替えても体積が変わらないことが確かめられる．また，$\boldsymbol{a}\cdot(\boldsymbol{b}\times\boldsymbol{c})=-\boldsymbol{a}\cdot(\boldsymbol{c}\times\boldsymbol{b})$ となり，体積についても面積同様に正負を考えることができることがわかる．

実は，$\boldsymbol{a}\cdot(\boldsymbol{b}\times\boldsymbol{c})$ はそのまま，3次の行列の行列式と同じものであることが先に行ってわかる．

例題 1.17 平行六面体 OABC-DEFG において，O(0, 0, 0)，A(0, 1, 1)，C(1, 1, 1)，D(1, 1, 0) とする．このとき，この平行六面体の体積を求めよ．

(解) 平行六面体の体積は $\left|\left(\overrightarrow{\mathrm{OA}}\times\overrightarrow{\mathrm{OC}}\right)\cdot\overrightarrow{\mathrm{OD}}\right|$ である．

$$\overrightarrow{OA}=\begin{pmatrix}0\\1\\1\end{pmatrix},\quad \overrightarrow{OC}=\begin{pmatrix}1\\1\\1\end{pmatrix},\quad \overrightarrow{OD}=\begin{pmatrix}1\\1\\0\end{pmatrix}$$

$$\overrightarrow{OA}\times\overrightarrow{OC}=\begin{pmatrix}1\times1-1\times1\\1\times1-0\times1\\0\times1-1\times1\end{pmatrix}=\begin{pmatrix}0\\1\\-1\end{pmatrix}$$

$$(\overrightarrow{OA}\times\overrightarrow{OC})\cdot\overrightarrow{OD}=0\times1+1\times1+(-1)\times0=1$$

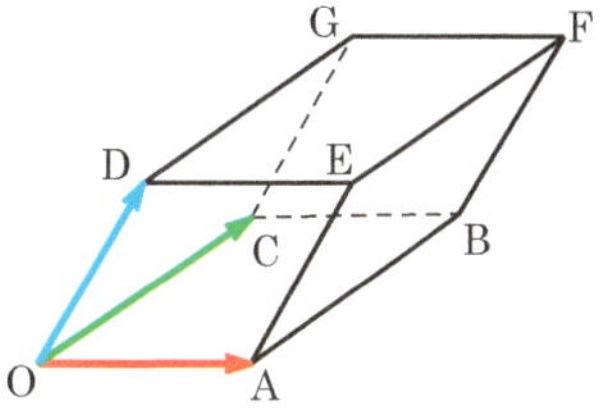

図 1.20

よって，この平行六面体の体積は 1.

演習 1.17　4 点 A(1, 0, 1), B(−2, 1, 3), C(3, 4, −5), D(3, 2, 0) を頂点とする四面体 ABCD の体積を求めよ.

外積は物理において力のモーメント $\boldsymbol{N}=\boldsymbol{r}\times\boldsymbol{F}$,
角運動量 $\boldsymbol{L}=\boldsymbol{r}\times\boldsymbol{p}$, ローレンツ力 $\boldsymbol{F}=q\boldsymbol{v}\times\boldsymbol{B}$,
フレミングの左手の法則 $\boldsymbol{F}=\boldsymbol{I}\times\boldsymbol{B}$ などにも
使われるのじゃよ

章末問題

1.1 $\boldsymbol{a}$，$\boldsymbol{b}$，$\boldsymbol{c}$ が単位ベクトルであり，

$$4\boldsymbol{a}+5\boldsymbol{b}+6\boldsymbol{c}=\boldsymbol{0}$$

のとき，次を求めよ．

(1) $\boldsymbol{b}\cdot\boldsymbol{c}$　　(2) $|\boldsymbol{b}-\boldsymbol{c}|$　　(3) $|\boldsymbol{a}+\boldsymbol{b}+\boldsymbol{c}|$

1.2 $\boldsymbol{a}$，$\boldsymbol{b}$ は定ベクトルで，t が実数値をとって変化するとき，$\boldsymbol{p}=\boldsymbol{a}+t\boldsymbol{b}$ について，$|\boldsymbol{p}|$ が最小になる t の値を求めよ．

1.3 座標平面上の点 $\mathrm{P}(x_0,\ y_0)$ と直線 $l：ax+by+c=0$ との距離は

$\dfrac{|ax_0+by_0+c|}{\sqrt{a^2+b^2}}$ であることを示せ．

1.4 空間における 2 平面 $x-y-3z+2=0$，$x+y-z=0$ のなす角を $\theta\left(0\leqq\theta\leqq\dfrac{\pi}{2}\right)$ とする．$\cos\theta$ を求めよ．

1.5 ベクトル方程式で表された 2 直線

$$\boldsymbol{p}=\begin{pmatrix}1\\2\\3\end{pmatrix}t+\begin{pmatrix}1\\1\\0\end{pmatrix},\quad \boldsymbol{q}=\begin{pmatrix}-2\\3\\1\end{pmatrix}t+\begin{pmatrix}1\\-1\\1\end{pmatrix}$$

のなす角 $\theta\left(0\leqq\theta\leqq\dfrac{\pi}{2}\right)$ を求めよ．

1.6 3 点 $\mathrm{A}(1,\ 0,\ 1)$，$\mathrm{B}(0,\ 2,\ 2)$，$\mathrm{C}(2,\ 3,\ 2)$ を通る平面に垂直なベクトルの 1 つを $\boldsymbol{n}=\begin{pmatrix}1\\p\\q\end{pmatrix}$ とする．p，q の値を求めよ．

1.7 $\boldsymbol{0}$ でない空間ベクトル $\boldsymbol{a}$ と $\boldsymbol{a}$ に垂直な空間ベクトル $\boldsymbol{b}$，実数 c が与えられているとき，

$$\boldsymbol{a}\times\boldsymbol{x}=\boldsymbol{b}$$

$$\boldsymbol{a}\cdot\boldsymbol{x}=c$$

をみたす空間ベクトル $\boldsymbol{x}$ はただ 1 つに定まることを示せ．

第2章

行列

2.1 行列の定義と演算

$m\times n$ 行列

m 個の行と n 個の列からなる数を並べたものを **m 行 n 列の行列**，または **$m\times n$ 行列**という．

$$
\begin{array}{c}
\begin{pmatrix}
a & b & \cdots & c & d \\
e & f & \cdots & g & h \\
\vdots & \vdots & \ddots & \vdots & \vdots \\
s & t & \cdots & u & v \\
w & x & \cdots & y & z
\end{pmatrix}
\begin{array}{l}
\cdots\text{第 1 行} \\
\cdots\text{第 2 行} \\
\\
\\
\cdots\text{第 } m \text{ 行}
\end{array}
\\
\begin{array}{ccccc}
\vdots & \vdots & & & \vdots \\
\text{第 1 列} & \text{第 2 列} & & & \text{第 } n \text{ 列}
\end{array}
\end{array}
$$

特に

$n\times n$ 行列を **n 次正方行列**または単に **n 次行列**

$1\times n$ 行列を **n 次行ベクトル**

$n\times 1$ 行列を **n 次列ベクトル**

という．

列ベクトルや行ベクトルも行列なのじゃ

（例） 2×3 行列 $\begin{pmatrix} 1 & 2 & 3 \\ 4 & 5 & 6 \end{pmatrix}$　2 次行列 $\begin{pmatrix} a & b \\ c & d \end{pmatrix}$　3 次行列 $\begin{pmatrix} 3 & 1 & 4 \\ 1 & 5 & 9 \\ 2 & 6 & 5 \end{pmatrix}$　3 次列ベクトル $\begin{pmatrix} x \\ y \\ z \end{pmatrix}$

行の個数と列の個数がそれぞれ等しい行列を**同じ型の行列**という.

行列を構成している数をその行列の**成分**といい，第 i 行，第 j 列にある成分を ***i* 行 *j* 列成分**あるいは簡単に **(*i*, *j*) 成分**という．特に正方行列の $(i,\ i)$ 成分を**対角成分**という（正方行列のつくる正方形の左上から右下への対角線上の成分．逆の対角線は行列として特別な意味がない）．

行列を表すとき $A=\begin{pmatrix} a_{11} & a_{12} \\ a_{21} & a_{22} \end{pmatrix}$ のように表すほか，$\boldsymbol{a}=\begin{pmatrix} a_{11} \\ a_{21} \end{pmatrix}$，$\boldsymbol{b}=\begin{pmatrix} a_{12} \\ a_{22} \end{pmatrix}$ によって，$A=(\boldsymbol{a}\ \boldsymbol{b})$ のように表したり，代表となる成分によって，$A=(a_{ij})$ などと表すこともある．また，行列 A の $(i,\ j)$ 成分を A_{ij} のように表すこともある．

行列の和，差，スカラー倍

2×2 行列で説明する．

$$\begin{pmatrix} a & b \\ c & d \end{pmatrix}+\begin{pmatrix} p & q \\ r & s \end{pmatrix}=\begin{pmatrix} a+p & b+q \\ c+r & d+s \end{pmatrix}$$

$$k\begin{pmatrix} a & b \\ c & d \end{pmatrix}=\begin{pmatrix} ka & kb \\ kc & kd \end{pmatrix}$$

行列の和は同じ型の行列の対応する成分どうし和をとり，行列の差は同じ型の行列の対応する成分どうしの差をとる．スカラー倍は各成分に同じ値を掛ける．差は－倍との和と考えればよい．

（例） $$\begin{pmatrix} 2 & 7 \\ 1 & 8 \\ 2 & 8 \end{pmatrix}-\begin{pmatrix} 1 & 2 \\ 3 & 4 \\ 5 & 6 \end{pmatrix}=\begin{pmatrix} 2-1 & 7-2 \\ 1-3 & 8-4 \\ 2-5 & 8-6 \end{pmatrix}=\begin{pmatrix} 1 & 5 \\ -2 & 4 \\ -3 & 2 \end{pmatrix}$$

$$2\begin{pmatrix} 0 & 1 & 2 \\ 2 & 3 & 4 \\ 4 & 5 & 6 \end{pmatrix}=\begin{pmatrix} 2\times 0 & 2\times 1 & 2\times 2 \\ 2\times 2 & 2\times 3 & 2\times 4 \\ 2\times 4 & 2\times 5 & 2\times 6 \end{pmatrix}=\begin{pmatrix} 0 & 2 & 4 \\ 4 & 6 & 8 \\ 8 & 10 & 12 \end{pmatrix}$$

例題 2.1　$A=\begin{pmatrix} 1 & 2 \\ 3 & 4 \end{pmatrix}$，$B=\begin{pmatrix} 1 & 1 \\ 3 & 2 \end{pmatrix}$ について，$A+B$，$A-B$，$3B$ をそれぞれ計算せよ．

（解） $$A+B=\begin{pmatrix} 1+1 & 2+1 \\ 3+3 & 4+2 \end{pmatrix}=\underline{\begin{pmatrix} 2 & 3 \\ 6 & 6 \end{pmatrix}}$$

$$A-B=\begin{pmatrix} 1-1 & 2-1 \\ 3-3 & 4-2 \end{pmatrix}=\underline{\begin{pmatrix} 0 & 1 \\ 0 & 2 \end{pmatrix}}$$

$$3B=\begin{pmatrix}3\times1 & 3\times1\\ 3\times3 & 3\times2\end{pmatrix}=\begin{pmatrix}3 & 3\\ 9 & 6\end{pmatrix}$$

演習 2.1 $A=\begin{pmatrix}1 & 2\\ -1 & 3\end{pmatrix}$, $B=\begin{pmatrix}1 & 1\\ 2 & 3\end{pmatrix}$について，$2A+3B$，$A-2B$をそれぞれ計算せよ．

行列の和・スカラー倍の演算公式

差$A-B$は，Aに，Bを-1倍したものを加えることに他ならない．以下では差については和と同様に考えればよい．

(1) **(交換法則)** $A+B=B+A$

(2) **(結合法則)** $(A+B)+C=A+(B+C)$

以下では，この和を（　）をつけずに$A+B+C$と書く．

(3) $(\alpha+\beta)A=\alpha A+\beta A$

(4) $\alpha(\beta A)=(\alpha\beta)A$

以下では，これを（　）をつけずに$\alpha\beta A$と書く．

(5) $\alpha(A+B)=\alpha A+\alpha B$

行列の積

2つの行列$A=(a_{ij})$と$B=(b_{ij})$において，Aの列の個数とBの行の個数が一致するとき，AとBの積ABが次のように定義される．

Aの列の個数$=B$の行の個数$=m$のとき，積ABは，その$(i,\ j)$成分が

$$(AB)_{ij}=\sum_{k=1}^{m}a_{ik}b_{kj}=a_{i1}b_{1j}+a_{i2}b_{2j}+\cdots+a_{im}b_{mj}$$

となる行列である．

A，Bがともに3×3行列の例で説明する．

$$\begin{pmatrix}a_{11} & a_{12} & a_{13}\\ a_{21} & a_{22} & a_{23}\\ a_{31} & a_{32} & a_{33}\end{pmatrix}\begin{pmatrix}b_{11} & b_{12} & b_{13}\\ b_{21} & b_{22} & b_{23}\\ b_{31} & b_{32} & b_{33}\end{pmatrix}=\begin{pmatrix}* & * & *\\ * & * & *\\ * & a_{31}b_{12}+a_{32}b_{22}+a_{33}b_{32} & *\end{pmatrix}$$

網掛け部を順に掛けながら加えたものが積の$(3,\ 2)$成分になる．他の成分も同様に計算する．

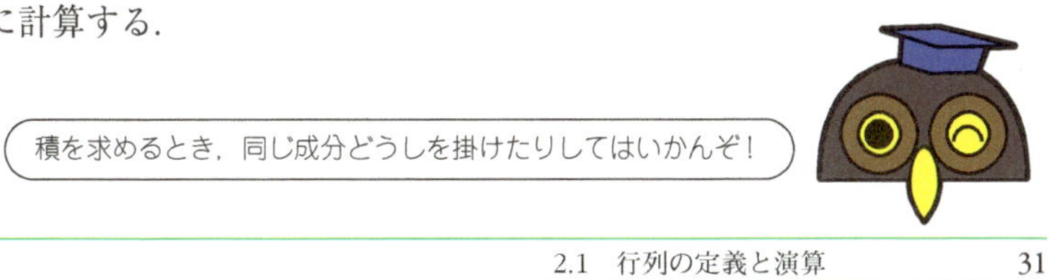

積を求めるとき，同じ成分どうしを掛けたりしてはいかんぞ！

(例) $\begin{pmatrix} a & b \\ c & d \end{pmatrix}\begin{pmatrix} p & q \\ r & s \end{pmatrix} = \begin{pmatrix} ap+br & aq+bs \\ cp+dr & cq+ds \end{pmatrix}$

例題 2.2 $A=\begin{pmatrix} 1 & 2 \\ 3 & 4 \end{pmatrix}$, $B=\begin{pmatrix} 1 & 1 \\ 3 & 2 \end{pmatrix}$ について，A^2, AB, BA を計算せよ．

(解)
$$A^2 = \begin{pmatrix} 1 & 2 \\ 3 & 4 \end{pmatrix}\begin{pmatrix} 1 & 2 \\ 3 & 4 \end{pmatrix} = \begin{pmatrix} 1\times1+2\times3 & 1\times2+2\times4 \\ 3\times1+4\times3 & 3\times2+4\times4 \end{pmatrix}$$
$$= \underline{\begin{pmatrix} 7 & 10 \\ 15 & 22 \end{pmatrix}}$$

$$AB = \begin{pmatrix} 1 & 2 \\ 3 & 4 \end{pmatrix}\begin{pmatrix} 1 & 1 \\ 3 & 2 \end{pmatrix} = \begin{pmatrix} 1\times1+2\times3 & 1\times1+2\times2 \\ 3\times1+4\times3 & 3\times1+4\times2 \end{pmatrix}$$
$$= \underline{\begin{pmatrix} 7 & 5 \\ 15 & 11 \end{pmatrix}}$$

$$BA = \begin{pmatrix} 1 & 1 \\ 3 & 2 \end{pmatrix}\begin{pmatrix} 1 & 2 \\ 3 & 4 \end{pmatrix} = \begin{pmatrix} 1\times1+1\times3 & 1\times2+1\times4 \\ 3\times1+2\times3 & 3\times2+2\times4 \end{pmatrix}$$
$$= \underline{\begin{pmatrix} 4 & 6 \\ 9 & 14 \end{pmatrix}}$$

演習 2.2 $A+B=\begin{pmatrix} 6 & 1 \\ -1 & 5 \end{pmatrix}$, $A-B=\begin{pmatrix} -2 & 1 \\ 1 & 1 \end{pmatrix}$のとき，$A$, B, AB, BA, A^2-B^2 を求めよ．

A²－B² は (A＋B)(A－B) と異なるのじゃよ

行列の積の演算公式

(1) **(結合法則)** $A(BC)=(AB)C$

以下では，この積を（　）をつけずに ABC と書く．

(2) **(分配法則)** $A(B+C)=AB+AC$, $(A+B)C=AC+BC$ (2.1.1)

(3) $(kA)B=A(kB)=k(AB)$ (2.1.2)

以下では，これを（　）をつけずに kAB と書く．

行列の計算は普通の文字計算とほぼ同様にできるが，
AB と BA は必ずしも等しくないのじゃ

例題 2.3 $A=\begin{pmatrix}1&2\\3&4\end{pmatrix}$, $B=\begin{pmatrix}1&1\\3&2\end{pmatrix}$, $C=\begin{pmatrix}2&3\\1&2\end{pmatrix}$について，$(AB)C$ と $A(BC)$ を計算しこれらが等しいことを確かめよ．

（解）

$$AB=\begin{pmatrix}1&2\\3&4\end{pmatrix}\begin{pmatrix}1&1\\3&2\end{pmatrix}=\begin{pmatrix}1\times1+2\times3&1\times1+2\times2\\3\times1+4\times3&3\times1+4\times2\end{pmatrix}$$

$$=\begin{pmatrix}7&5\\15&11\end{pmatrix}$$

$$(AB)C=\begin{pmatrix}7&5\\15&11\end{pmatrix}\begin{pmatrix}2&3\\1&2\end{pmatrix}=\begin{pmatrix}7\times2+5\times1&7\times3+5\times2\\15\times2+11\times1&15\times3+11\times2\end{pmatrix}$$

$$=\begin{pmatrix}19&31\\41&67\end{pmatrix}$$

$$BC=\begin{pmatrix}1&1\\3&2\end{pmatrix}\begin{pmatrix}2&3\\1&2\end{pmatrix}=\begin{pmatrix}1\times2+1\times1&1\times3+1\times2\\3\times2+2\times1&3\times3+2\times2\end{pmatrix}$$

$$=\begin{pmatrix}3&5\\8&13\end{pmatrix}$$

$$A(BC)=\begin{pmatrix}1&2\\3&4\end{pmatrix}\begin{pmatrix}3&5\\8&13\end{pmatrix}=\begin{pmatrix}1\times3+2\times8&1\times5+2\times13\\3\times3+4\times8&3\times5+4\times13\end{pmatrix}$$

$$=\begin{pmatrix}19&31\\41&67\end{pmatrix}$$

たしかに，$(AB)C = A(BC)$ である．（証明終）

演習 2.3 $A=\begin{pmatrix}1&2\\3&4\end{pmatrix}$, $B=\begin{pmatrix}1&1\\3&2\end{pmatrix}$, $C=\begin{pmatrix}2&3\\1&2\end{pmatrix}$ について，$A(B+C)=AB+AC$, $(A+B)C=AC+BC$ が成り立っていることを確かめよ．

行列の積の演算公式（1），（2），（3）の証明

（1） A, B, C はそれぞれ $k\times l$ 行列，$l\times m$ 行列，$m\times n$ 行列とし，それぞれの $(i,\ j)$ 成分を A_{ij}, B_{ij}, C_{ij} とする．

AB の $(i,\ j)$ 成分は $(AB)_{ij}=\displaystyle\sum_{s=1}^{l}A_{is}B_{sj}$ である．

すこし抽象的だが頑張って読むのじゃ

同様に，$(BC)_{ij}=\sum_{t=1}^{m}B_{it}C_{tj}$

$$\{A(BC)\}_{ij}=\sum_{s=1}^{l}A_{is}(BC)_{sj}=\sum_{s=1}^{l}\sum_{t=1}^{m}A_{is}B_{st}C_{tj}$$

$$\{(AB)C\}_{ij}=\sum_{t=1}^{m}(AB)_{it}C_{tj}=\sum_{t=1}^{m}\sum_{s=1}^{l}A_{is}B_{st}C_{tj}$$

この2つは加える順序が異なるだけであるから等しい．したがって，$\{A(BC)\}_{ij}=\{(AB)C\}_{ij}$ つまり，$A(BC)$ と $(AB)C$ は対応する要素がすべて等しい．よって，$A(BC)=(AB)C$.（証明終）

(2)　A, B, C はそれぞれ $k\times m$ 行列，$m\times n$ 行列，$m\times n$ 行列とする．

$(i,\ j)$ 成分は（1）と同様に定める．

$$\{A(B+C)\}_{ij}=\sum_{t=1}^{m}A_{it}(B+C)_{tj}=\sum_{t=1}^{m}A_{it}(B_{tj}+C_{tj})$$

$$=\sum_{t=1}^{m}(A_{it}B_{tj}+A_{it}C_{tj})=\sum_{t=1}^{m}A_{it}B_{tj}+\sum_{t=1}^{m}A_{it}C_{tj}$$

$$=(AB)_{ij}+(AC)_{ij}$$

よって，$A(B+C)=AB+AC$.（証明終）

$(A+B)C=AB+AC$ も同様に証明される．

(3)　A, B はそれぞれ $k\times m$ 行列，$m\times n$ 行列とする．$(i,\ j)$ 成分は（1）と同様に定める．

$$\{(kA)B\}_{ij}=\sum_{t=1}^{m}(kA)_{it}B_{tj}=k\sum_{t=1}^{m}A_{it}B_{tj}$$

$$\{A(kB)\}_{ij}=\sum_{t=1}^{m}A_{it}(kB)_{tj}=k\sum_{t=1}^{m}A_{it}B_{tj}$$

$$\{k(AB)\}_{ij}=k(AB)_{ij}=k\sum_{t=1}^{m}A_{it}B_{tj}$$

よって，$(kA)B=A(kB)=k(AB)$.（証明終）

内積の行列表示，行列とベクトルの積

n 次行ベクトルは $1\times n$ 行列であり，n 次列ベクトルは $n\times 1$ 行列である．したがって，n 次行ベクトルと n 次列ベクトルの行列としての積は 1×1 行列すなわちスカラーになる．

$$(a\ b)\begin{pmatrix}p\\q\end{pmatrix}=(ap+bq),\quad (a\ b\ c)\begin{pmatrix}p\\q\\r\end{pmatrix}=(ap+bq+cr)$$

これは内積と同じものである．内積は行ベクトルと列ベクトルの積として表される．

また，行列と列ベクトルの積は

$$\begin{pmatrix}a&b\\c&d\end{pmatrix}\begin{pmatrix}x\\y\end{pmatrix}=\begin{pmatrix}ax+by\\cx+dy\end{pmatrix}$$

$$\begin{pmatrix}a&b&c\\d&e&f\\g&h&i\end{pmatrix}\begin{pmatrix}x\\y\\z\end{pmatrix}=\begin{pmatrix}ax+by+cz\\dx+ey+fz\\gx+hy+iz\end{pmatrix}$$

零行列，単位行列

(1) **（零行列）** 成分がすべて 0 である行列を零行列といい O で表す．以下は零行列である．

$$\begin{pmatrix}0&0\\0&0\end{pmatrix},\ \begin{pmatrix}0&0&0\\0&0&0\\0&0&0\end{pmatrix},\ \begin{pmatrix}0&0\\0&0\\0&0\end{pmatrix}$$

演算可能な任意の行列 A に対して，

$$A+O=O+A=A,\ AO=O,\ OA=O$$

(2) **（単位行列）** 正方行列で，(i,i) 成分が 1 でそれ以外のすべての成分が 0 の行列を単位行列という．以下はそれぞれ，2 次，3 次の単位行列である．

$$\begin{pmatrix}1&0\\0&1\end{pmatrix},\ \begin{pmatrix}1&0&0\\0&1&0\\0&0&1\end{pmatrix}$$

演算可能な任意の行列 A に対して

$$AE=A,\ EA=A$$

> O（オー）は数の 0（ゼロ）のような役割を果たし，E は 1 のような役割を果たすのじゃ

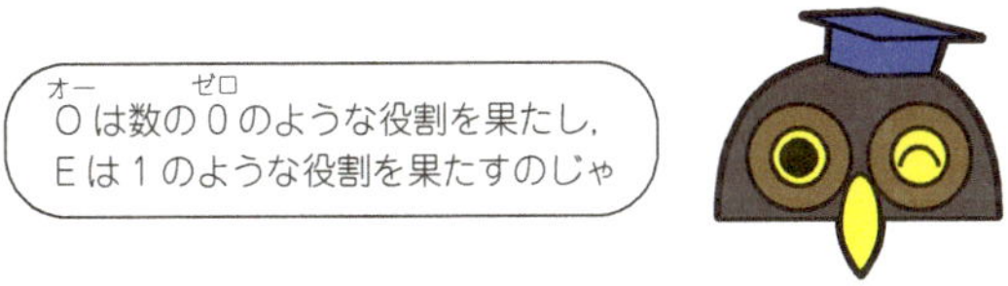

行列計算の上での注意
演算できるものとできないものがある

異なる型の行列は加えることができない．

A の列の個数と B の行の個数が等しくないときは AB を計算することができない．

例題 2.4 次の行列の中から異なる 2 つの行列を選び，積が作れるものはどれとどれか．また，積が作れるものについて，積を作れ．

$$A=\begin{pmatrix}2&5\\1&4\end{pmatrix},\quad B=\begin{pmatrix}2&5&1\\1&4&4\end{pmatrix},$$

$$C=\begin{pmatrix}2&5\\1&4\\1&1\end{pmatrix},\quad D=\begin{pmatrix}2&5&1\\1&4&4\\1&1&0\end{pmatrix}$$

(解) 積が作れるのは $\underline{AB,\ BC,\ BD,\ CA,\ CB,\ DC}$

$$AB=\begin{pmatrix}2&5\\1&4\end{pmatrix}\begin{pmatrix}2&5&1\\1&4&4\end{pmatrix}=\underline{\begin{pmatrix}9&30&22\\6&21&17\end{pmatrix}}$$

$$BC=\begin{pmatrix}2&5&1\\1&4&4\end{pmatrix}\begin{pmatrix}2&5\\1&4\\1&1\end{pmatrix}=\underline{\begin{pmatrix}10&31\\10&25\end{pmatrix}}$$

$$BD=\begin{pmatrix}2&5&1\\1&4&4\end{pmatrix}\begin{pmatrix}2&5&1\\1&4&4\\1&1&0\end{pmatrix}=\underline{\begin{pmatrix}10&31&22\\10&25&17\end{pmatrix}}$$

$$CA=\begin{pmatrix}2&5\\1&4\\1&1\end{pmatrix}\begin{pmatrix}2&5\\1&4\end{pmatrix}=\underline{\begin{pmatrix}9&30\\6&21\\3&9\end{pmatrix}}$$

$$CB=\begin{pmatrix}2&5\\1&4\\1&1\end{pmatrix}\begin{pmatrix}2&5&1\\1&4&4\end{pmatrix}=\underline{\begin{pmatrix}9&30&22\\6&21&17\\3&9&5\end{pmatrix}}$$

$$DC=\begin{pmatrix}2&5&1\\1&4&4\\1&1&0\end{pmatrix}\begin{pmatrix}2&5\\1&4\\1&1\end{pmatrix}=\underline{\begin{pmatrix}10&31\\10&25\\3&9\end{pmatrix}}$$

演習 2.4 次の 4 つの行列

$$\begin{pmatrix}1&2&3\end{pmatrix},\quad \begin{pmatrix}1&2&0\\3&4&0\end{pmatrix},\quad \begin{pmatrix}1\\2\\3\end{pmatrix},\quad \begin{pmatrix}1&2\\3&4\\0&0\end{pmatrix}$$

が A，B，C，D のいずれかになるように選び，$AB+CD$ が計算できるようにしたい．A，B，C，D をどのように選べばよいか．

また，このときの $AB+CD$ を求めよ．

AB と BA は必ずしも等しくない

(例) $\begin{pmatrix}1&2\\3&4\end{pmatrix}\begin{pmatrix}1&3\\2&4\end{pmatrix}=\begin{pmatrix}5&11\\11&25\end{pmatrix}$ と $\begin{pmatrix}1&3\\2&4\end{pmatrix}\begin{pmatrix}1&2\\3&4\end{pmatrix}=\begin{pmatrix}10&14\\14&20\end{pmatrix}$ は等しくない．

特に，$AB=BA$ のとき，A と B は**交換可能**であるという．

例題 2.5 $A=\begin{pmatrix}1&2\\3&4\end{pmatrix}$ と $B=\begin{pmatrix}3&4\\a&b\end{pmatrix}$ が交換可能になるように，a，b の値を定めよ．

(解) $AB=\begin{pmatrix}1&2\\3&4\end{pmatrix}\begin{pmatrix}3&4\\a&b\end{pmatrix}=\begin{pmatrix}3+2a&4+2b\\9+4a&12+4b\end{pmatrix}$

$BA=\begin{pmatrix}3&4\\a&b\end{pmatrix}\begin{pmatrix}1&2\\3&4\end{pmatrix}=\begin{pmatrix}15&22\\a+3b&2a+4b\end{pmatrix}$

$AB=BA$ において，(1，1)，(1，2) 成分が等しいことから，

$$3+2a=15,\quad 4+2b=22 \quad \therefore a=6,\quad b=9$$

このとき，(2，1)，(2，2) 成分も等しくなるから，$a=6$，$b=9$.

演習 2.5 $A=\begin{pmatrix}a&1\\2&3\end{pmatrix}$，$B=\begin{pmatrix}-1&b\\2&1\end{pmatrix}$ のとき，$(A+B)^2=A^2+2AB+B^2$ となるように a，b を定めよ．

$AB=O$ だからといって，$A=O$ または $B=O$ とは限らない

(例) $\begin{pmatrix}1&2\\3&6\end{pmatrix}\begin{pmatrix}2&-4\\-1&2\end{pmatrix}=\begin{pmatrix}0&0\\0&0\end{pmatrix}$ だが，

$$\begin{pmatrix}1&2\\3&6\end{pmatrix}\neq\begin{pmatrix}0&0\\0&0\end{pmatrix},\quad \begin{pmatrix}2&-4\\-1&2\end{pmatrix}\neq\begin{pmatrix}0&0\\0&0\end{pmatrix}$$

例題 2.6 $\begin{pmatrix} 1 & a \\ 3 & b \end{pmatrix}\begin{pmatrix} 2 & 4 \\ -1 & c \end{pmatrix}$が零行列になるように$a$, b, cを定めよ．
また，このとき，$\begin{pmatrix} 2 & 4 \\ -1 & c \end{pmatrix}\begin{pmatrix} 1 & a \\ 3 & b \end{pmatrix}$を求めよ．

（解） $\begin{pmatrix} 1 & a \\ 3 & b \end{pmatrix}\begin{pmatrix} 2 & 4 \\ -1 & c \end{pmatrix}=\begin{pmatrix} 2-a & 4+ac \\ 6-b & 12+bc \end{pmatrix}=\begin{pmatrix} 0 & 0 \\ 0 & 0 \end{pmatrix}$

$$\begin{cases} 2-a=0\cdots①, & 4+ac=0 \ \cdots②, \\ 6-b=0\cdots③, & 12+bc=0\cdots④ \end{cases}$$

①, ③から$a=2, b=6$. この結果と②から$c=-2$. これらは④もみたす．よって，$a=2$, $b=6$, $c=-2$.

また，

$$\begin{pmatrix} 2 & 4 \\ -1 & -2 \end{pmatrix}\begin{pmatrix} 1 & 2 \\ 3 & 6 \end{pmatrix}=\begin{pmatrix} 2+12 & 4+24 \\ -1-6 & -2-12 \end{pmatrix}=\begin{pmatrix} 14 & 28 \\ -7 & -14 \end{pmatrix}$$

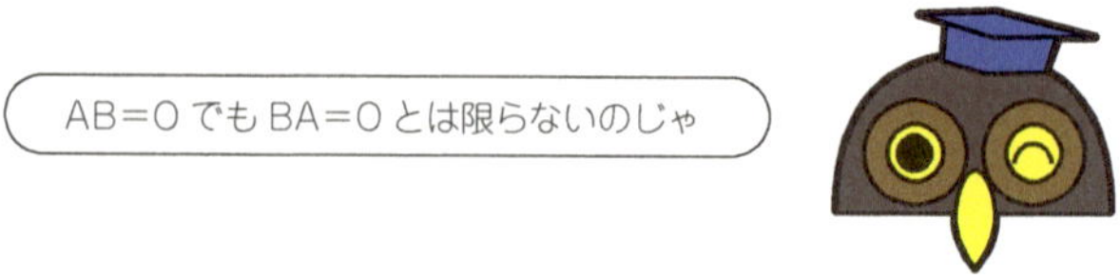

演習 2.6 $A=\begin{pmatrix} a & 1 \\ b & 2 \end{pmatrix}$, $(A-E)(A-2E)=O$とする．ただし，$E=\begin{pmatrix} 1 & 0 \\ 0 & 1 \end{pmatrix}$, $O=\begin{pmatrix} 0 & 0 \\ 0 & 0 \end{pmatrix}$とする．このとき，$a$, bの値を求めよ．

（注） $(A-E)(A-2E)=O$でも，$A=E$または$A=2E$とはいえない．

逆行列

正方行列Aに対して$AX=XA=E$（単位行列）となる行列Xを行列Aの**逆行列**といい，このXをA^{-1}と表す．$AC=B$, $DA=B$でA^{-1}が存在するならば, $C=A^{-1}B$, $D=BA^{-1}$である．決して$\dfrac{B}{A}$のように書いてはいけない．A^{-1}は行列であり，BA^{-1}と$A^{-1}B$は必ずしも等しくない．

ここでは2×2行列の逆行列についてのみ考えることにする．

$A=\begin{pmatrix} a & b \\ c & d \end{pmatrix}$に対して，$Y=\begin{pmatrix} d & -b \\ -c & a \end{pmatrix}$とおくと，

$$AY=\begin{pmatrix} a & b \\ c & d \end{pmatrix}\begin{pmatrix} d & -b \\ -c & a \end{pmatrix}=\begin{pmatrix} ad-bc & 0 \\ 0 & ad-bc \end{pmatrix}=(ad-bc)E$$

$ad-bc$ を 2 次行列 A の**行列式**という（一般の正方行列の行列式は第 4 章で扱う）.

$$\begin{cases} A\text{ は逆行列をもたない} & (ad-bc=0\text{ のとき}) \\ A^{-1}=\dfrac{1}{ad-bc}\begin{pmatrix} d & -b \\ -c & a \end{pmatrix} & (ad-bc\neq 0\text{ のとき}) \end{cases}$$

正方行列が逆行列をもつとき，その行列は**正則**であるという.

A，B が逆行列をもつとき，次が成り立つ.

$$(AB)^{-1}=B^{-1}A^{-1} \tag{2.2}$$

なぜなら，$AB(B^{-1}A^{-1})=AA^{-1}=E$，$(B^{-1}A^{-1})AB=B^{-1}B=E$ だからである.

転置行列，対称行列，反対称行列

行列 A に対して，その行と列を入れ替えた行列を行列 A の**転置行列**といい，${}^tA$ と表す.

（例） $A=\begin{pmatrix} a & b \\ c & d \end{pmatrix}$ に対して，${}^tA=\begin{pmatrix} a & c \\ b & d \end{pmatrix}$

$A=\begin{pmatrix} a & b & c \\ d & e & f \\ g & h & i \end{pmatrix}$ に対して，${}^tA=\begin{pmatrix} a & d & g \\ b & e & h \\ c & f & i \end{pmatrix}$

また，列ベクトルの転置は行ベクトルである.

$\boldsymbol{a}=\begin{pmatrix} a \\ b \\ c \end{pmatrix}$ に対して，${}^t\boldsymbol{a}=(a \quad b \quad c)$

行列 A，B の転置行列 ${}^tA$，${}^tB$ について，

$${}^t(AB)={}^tB\,{}^tA$$

が成り立つ.

たとえば

$$A=\begin{pmatrix} a & b \\ c & d \end{pmatrix},\quad B=\begin{pmatrix} p & q \\ r & s \end{pmatrix}$$

のとき,

$${}^t(AB)={}^t\begin{pmatrix} ap+br & aq+bs \\ cp+dr & cq+ds \end{pmatrix}=\begin{pmatrix} ap+br & cp+dr \\ aq+bs & cq+ds \end{pmatrix},$$

$${}^tB{}^tA=\begin{pmatrix} p & r \\ q & s \end{pmatrix}\begin{pmatrix} a & c \\ b & d \end{pmatrix}=\begin{pmatrix} pa+rb & pc+rd \\ qa+sb & qc+sd \end{pmatrix}$$

でこれらが一致していることがわかる.

また行列とベクトルの積でも

$$\begin{pmatrix} a & b \\ c & d \end{pmatrix}\begin{pmatrix} x \\ y \end{pmatrix}=\begin{pmatrix} ax+by \\ cx+dy \end{pmatrix}$$

$$\begin{pmatrix} x & y \end{pmatrix}\begin{pmatrix} a & c \\ b & d \end{pmatrix}=\begin{pmatrix} xa+yb & xc+yd \end{pmatrix}$$

転置して逆順にかければ転置したベクトルになる.

正方行列で, $A={}^tA$ であるものを**対称行列**という.

(例) $\begin{pmatrix} a & f & e \\ f & b & d \\ e & d & c \end{pmatrix}$ は対称行列である.

また, $A=-{}^tA$ であるものを**反対称行列**または**交代行列**という.

(例) $\begin{pmatrix} 0 & z & -y \\ -z & 0 & x \\ y & -x & 0 \end{pmatrix}$ は反対称行列である.

2.2　平面の一次変換

一次変換

平面上のベクトル$\begin{pmatrix} x \\ y \end{pmatrix}$からベクトル$\begin{pmatrix} x' \\ y' \end{pmatrix}$への写像

$$f:\begin{pmatrix} x \\ y \end{pmatrix}\mapsto\begin{pmatrix} x' \\ y' \end{pmatrix}$$

において，a，b，c，d を実数として，

$$\begin{cases} x'=ax+by \\ y'=cx+dy \end{cases}$$

と表されるとき，f を座標平面上の**一次変換**または**線形変換**という．このとき，$\begin{pmatrix} x' \\ y' \end{pmatrix}$を f による$\begin{pmatrix} x \\ y \end{pmatrix}$の**像**という．以下ではベクトルを位置ベクトルと考え，f を点 $(x,\ y)$ から点 $(x',\ y')$ への移動とも考えられる．

一次変換 f はまた行列とベクトルを用いて

$$\begin{pmatrix} x' \\ y' \end{pmatrix}=\begin{pmatrix} a & b \\ c & d \end{pmatrix}\begin{pmatrix} x \\ y \end{pmatrix} \tag{2.3}$$

のように表される．ここで，$\begin{pmatrix} a & b \\ c & d \end{pmatrix}$を**一次変換 f を表す行列**といい，逆に f を**行列$\begin{pmatrix} a & b \\ c & d \end{pmatrix}$で表された一次変換**という．

行列$\begin{pmatrix} a & b \\ c & d \end{pmatrix}$において，

$$\begin{pmatrix} a & b \\ c & d \end{pmatrix}\begin{pmatrix} 1 \\ 0 \end{pmatrix}=\begin{pmatrix} a \\ c \end{pmatrix},\quad \begin{pmatrix} a & b \\ c & d \end{pmatrix}\begin{pmatrix} 0 \\ 1 \end{pmatrix}=\begin{pmatrix} b \\ d \end{pmatrix}$$

であるから，$\begin{pmatrix} a \\ c \end{pmatrix}$，$\begin{pmatrix} b \\ d \end{pmatrix}$はそれぞれベクトル$\begin{pmatrix} 1 \\ 0 \end{pmatrix}$，$\begin{pmatrix} 0 \\ 1 \end{pmatrix}$の像と考えることができる．

例題 2.7 行列 $A=\begin{pmatrix}1 & -2\\ 3 & 4\end{pmatrix}$ で表される一次変換により，点 (1, 2), (3, 1), (3, 4) が移される点をそれぞれ求めよ．

(解) $A\begin{pmatrix}1\\2\end{pmatrix}=\begin{pmatrix}1 & -2\\ 3 & 4\end{pmatrix}\begin{pmatrix}1\\2\end{pmatrix}=\begin{pmatrix}-3\\11\end{pmatrix}$

$A\begin{pmatrix}3\\1\end{pmatrix}=\begin{pmatrix}1 & -2\\ 3 & 4\end{pmatrix}\begin{pmatrix}3\\1\end{pmatrix}=\begin{pmatrix}1\\13\end{pmatrix}$

$A\begin{pmatrix}3\\4\end{pmatrix}=\begin{pmatrix}1 & -2\\ 3 & 4\end{pmatrix}\begin{pmatrix}3\\4\end{pmatrix}=\begin{pmatrix}-5\\25\end{pmatrix}$

よって，点 (1, 2), (3, 1), (3, 4) はそれぞれ (−3, 11), (1, 13), (−5, 25) に移される．

演習 2.7 f は平面上の一次変換で

$\begin{pmatrix}1\\2\end{pmatrix}$ を $\begin{pmatrix}5\\5\end{pmatrix}$ に，$\begin{pmatrix}1\\3\end{pmatrix}$ を $\begin{pmatrix}7\\8\end{pmatrix}$ に移すとする．このとき，f を表す行列を求めよ．

線形性

行列の演算法則（2.1.1），（2.1.2）式から $A(\boldsymbol{x}+\boldsymbol{y})=A\boldsymbol{x}+A\boldsymbol{y}$, $A(k\boldsymbol{x})=kA\boldsymbol{x}$ が成り立つ．このことから一次変換 f について

$$f(\boldsymbol{x}+\boldsymbol{y})=f(\boldsymbol{x})+f(\boldsymbol{y}),\quad f(k\boldsymbol{x})=kf(\boldsymbol{x})$$

が成り立つ．つまり，和と実数倍が保存される．この性質を**線形性**が成り立つという．また，この結果から一般に

$$f(\alpha\boldsymbol{a}+\beta\boldsymbol{b}) = \alpha f(\boldsymbol{a})+\beta f(\boldsymbol{b})$$

が成り立つ．

（証） $f(\alpha\boldsymbol{a}+\beta\boldsymbol{b}) = f(\alpha\boldsymbol{a})+f(\beta\boldsymbol{b}) = \alpha f(\boldsymbol{a})+\beta f(\boldsymbol{b})$ （証明終）

この形はよく使われる．

（証） $\boldsymbol{x}=\alpha\boldsymbol{a}+\beta\boldsymbol{b}$ とし，$f(\boldsymbol{a})=\boldsymbol{a}'$, $f(\boldsymbol{b})=\boldsymbol{b}'$, $f(\boldsymbol{x})=\boldsymbol{x}'$ とすると，

$$\boldsymbol{x}'=\alpha\boldsymbol{a}'+\beta\boldsymbol{b}'$$

となる．

例えば，$\boldsymbol{x}=\begin{pmatrix} x \\ y \end{pmatrix}=x\begin{pmatrix} 1 \\ 0 \end{pmatrix}+y\begin{pmatrix} 0 \\ 1 \end{pmatrix}$と書けるから$A=\begin{pmatrix} a & b \\ c & d \end{pmatrix}$のとき，$A$で表された一次変換$f$によって，$\boldsymbol{x}$が移されるベクトル$\boldsymbol{x}'$は

$$\boldsymbol{x}'=x\begin{pmatrix} a \\ c \end{pmatrix}+y\begin{pmatrix} b \\ d \end{pmatrix}$$

となる．この結果は（2.3）式の別の表し方である．

（例） 行列$\begin{pmatrix} 2 & 1 \\ 1 & 3 \end{pmatrix}$で表される一次変換$f$による点$(a,\ b)$の像を$P_{a,b}$とすると，図 2.1 のようである．

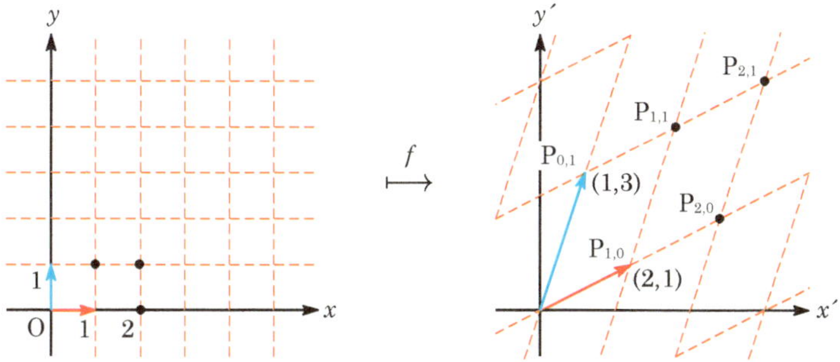

図 2.1

例題 2.8 原点を O，2 点 P(1, 2)，Q(2, 1) に対して，
$\overrightarrow{OR} = 2\overrightarrow{OP} + 3\overrightarrow{OQ}$ となる点 R をとる．

行列 $A = \begin{pmatrix} 2 & 3 \\ 4 & 1 \end{pmatrix}$ で表される一次変換により，P，Q，R が移される点をそれぞれ P′，Q′，R′ とする．

(1) R，P′，Q′，R′ の座標を求めよ．

(2) $\overrightarrow{OR'} = 2\overrightarrow{OP'} + 3\overrightarrow{OQ'}$ が成り立っていることを確かめよ．

(解) (1) $\overrightarrow{OR} = 2\begin{pmatrix} 1 \\ 2 \end{pmatrix} + 3\begin{pmatrix} 2 \\ 1 \end{pmatrix} = \begin{pmatrix} 2+6 \\ 4+3 \end{pmatrix} = \begin{pmatrix} 8 \\ 7 \end{pmatrix}$

よって R の座標は (8, 7).

$$\overrightarrow{OP'} = A\overrightarrow{OP} = \begin{pmatrix} 2 & 3 \\ 4 & 1 \end{pmatrix}\begin{pmatrix} 1 \\ 2 \end{pmatrix} = \begin{pmatrix} 2+6 \\ 4+2 \end{pmatrix} = \begin{pmatrix} 8 \\ 6 \end{pmatrix}$$

よって P′ の座標は (8, 6).

$$\overrightarrow{OQ'} = A\overrightarrow{OQ} = \begin{pmatrix} 2 & 3 \\ 4 & 1 \end{pmatrix}\begin{pmatrix} 2 \\ 1 \end{pmatrix} = \begin{pmatrix} 4+3 \\ 8+1 \end{pmatrix} = \begin{pmatrix} 7 \\ 9 \end{pmatrix}$$

よって Q′ の座標は (7, 9).

$$\overrightarrow{OR'} = A\overrightarrow{OR} = \begin{pmatrix} 2 & 3 \\ 4 & 1 \end{pmatrix}\begin{pmatrix} 8 \\ 7 \end{pmatrix} = \begin{pmatrix} 16+21 \\ 32+7 \end{pmatrix} = \begin{pmatrix} 37 \\ 39 \end{pmatrix}$$

よって R′ の座標は (37, 39).

(2) $$2\overrightarrow{OP'} + 3\overrightarrow{OQ'} = 2\begin{pmatrix} 8 \\ 6 \end{pmatrix} + 3\begin{pmatrix} 7 \\ 9 \end{pmatrix} = \begin{pmatrix} 16+21 \\ 12+27 \end{pmatrix}$$

$$= \begin{pmatrix} 37 \\ 39 \end{pmatrix} = \overrightarrow{OR'}$$ （証明終）

演習 2.8 原点を O とするとき，線分 PQ を 2 : 1 に内分する点を R とすると，

$$\overrightarrow{OR} = \frac{1}{3}\overrightarrow{OP} + \frac{2}{3}\overrightarrow{OQ}$$

と表される．行列 A で表される一次変換によって，P，Q，R が移される点をそれぞれ P′，Q′，R′ とすると，R′ は線分 P′Q′ を 2 : 1 に内分することを示せ．

直線の移動

原点を O，点 A，B，P の f による像をそれぞれ A′，B′，P′，ベクトル $\boldsymbol{u}$ の像を $\boldsymbol{u}'$ とおく．点 A を通り，$\boldsymbol{u}$ に平行な直線上を点 P が動くとき，(1.1) 式から，

$$\overrightarrow{\mathrm{OP}} = \overrightarrow{\mathrm{OA}} + t\boldsymbol{u}$$

と書ける．これを f によって変換すると，

$$f(\overrightarrow{\mathrm{OP}}) = f(\overrightarrow{\mathrm{OA}} + t\boldsymbol{u}) = f(\overrightarrow{\mathrm{OA}}) + tf(\boldsymbol{u})$$

となるから，

$$\overrightarrow{\mathrm{OP'}} = \overrightarrow{\mathrm{OA'}} + t\boldsymbol{u}' \tag{2.4}$$

となる．$\boldsymbol{u}' \neq \boldsymbol{0}$ のとき，P′ は点 A′ を通り，$\boldsymbol{u}'$ に平行な直線上を動く．$\boldsymbol{u}' = \boldsymbol{0}$ のとき点 P′ は 1 点 A′ のみを表す（P′ は t によって動かない）．

2 点 A，B を通る直線上を点 P が動くとき，(1.2) 式から，

$$\overrightarrow{\mathrm{OP}} = (1-t)\overrightarrow{\mathrm{OA}} + t\overrightarrow{\mathrm{OB}}$$

と書ける．これを f によって変換すると，(2.4) 式と同様にして，

$$\overrightarrow{\mathrm{OP'}} = (1-t)\overrightarrow{\mathrm{OA'}} + t\overrightarrow{\mathrm{OB'}}$$

となる．A′ ≠ B′ のとき，P′ は 2 点 A′，B′ を通る直線上を動く．A′ = B′ のとき点 P′ は 1 点 A′(= B′) のみを表す．

例題 2.9 原点を O とする平面上に異なる 2 点 P，Q がある．線分 PQ 上の動点を R とする．

行列 A で表される一次変換によって，P，Q，R が移される点をそれぞれ P′，Q′，R′ とすると，P′ ≠ Q′ なら R′ は線分 P′Q′ 上の動点であることを示せ．

(解) R は線分 PQ 上の動点だから，$\overrightarrow{\mathrm{PR}} = t\overrightarrow{\mathrm{PQ}}$ $(0 \leqq t \leqq 1)$ と表される．したがって，$\overrightarrow{\mathrm{OR}} - \overrightarrow{\mathrm{OP}} = t(\overrightarrow{\mathrm{OQ}} - \overrightarrow{\mathrm{OP}})$ すなわち，

$$\overrightarrow{\mathrm{OR}} = (1-t)\overrightarrow{\mathrm{OP}} + t\overrightarrow{\mathrm{OQ}} \quad (0 \leqq t \leqq 1)$$

と表される．行列 A で表される一次変換によって，P，Q，R が移される点

がそれぞれ P′, Q′, R′だから,

$$A\overrightarrow{OP}=\overrightarrow{OP'},\quad A\overrightarrow{OQ}=\overrightarrow{OQ'},\quad A\overrightarrow{OR}=\overrightarrow{OR'}$$

$$\overrightarrow{OR'}=A\overrightarrow{OR}=A\{(1-t)\overrightarrow{OP}+t\overrightarrow{OQ}\}=(1-t)A\overrightarrow{OP}+tA\overrightarrow{OQ}$$

$$=(1-t)\overrightarrow{OP'}+t\overrightarrow{OQ'}$$

ここで, $0\leqq t\leqq 1$ は変らないから

$$\overrightarrow{OR'}=(1-t)\overrightarrow{OP'}+t\overrightarrow{OQ'}\quad(0\leqq t\leqq 1)$$

よって, R′ は線分 P′Q′ 上の動点である. (証明終)

演習 2.9 座標平面上に三角形 OPQ と動点 R がある.

(1) $\overrightarrow{OR}=s\overrightarrow{OP}+t\overrightarrow{OQ}$ とすると, 点 R が三角形 OPQ の内部にあるための必要十分条件は $s>0$, $t>0$, $s+t<1$ であることを示せ.

(2) R が三角形 OPQ の内部の点であるとき, 行列 A で表される一次変換によって, P, Q, R が移される点をそれぞれ P′, Q′, R′ とすると, R′ は三角形 OP′Q′ の内部の動点であることを示せ.

特徴的な一次変換を表す行列

(1) 原点に関する対称移動. $\begin{pmatrix}x\\y\end{pmatrix}\mapsto\begin{pmatrix}-x\\-y\end{pmatrix}$ を

表す行列は $\begin{pmatrix}-1&0\\0&-1\end{pmatrix}$ (図 2.2)

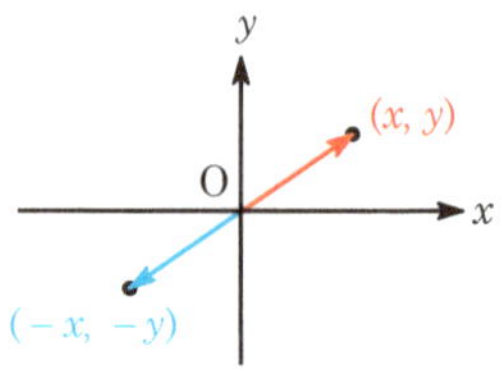

図 2.2

(2) x 軸に関する対称移動. $\begin{pmatrix}x\\y\end{pmatrix}\mapsto\begin{pmatrix}x\\-y\end{pmatrix}$ を

表す行列は $\begin{pmatrix}1&0\\0&-1\end{pmatrix}$ (図 2.3)

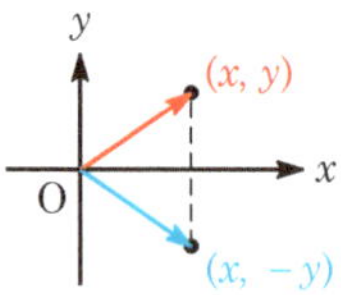

図 2.3

(3) y 軸に関する対称移動. $\begin{pmatrix}x\\y\end{pmatrix}\mapsto\begin{pmatrix}-x\\y\end{pmatrix}$ を

表す行列は $\begin{pmatrix}-1&0\\0&1\end{pmatrix}$ (図 2.4)

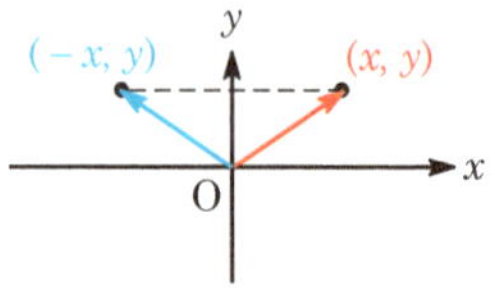

図 2.4

(4)　直線 $y=x$ に関する対称移動. $\begin{pmatrix} x \\ y \end{pmatrix} \mapsto \begin{pmatrix} y \\ x \end{pmatrix}$ を表す行列は $\begin{pmatrix} 0 & 1 \\ 1 & 0 \end{pmatrix}$ (図 2.5)

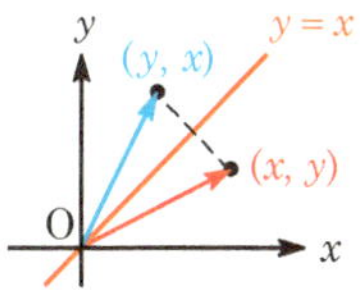

図 2.5

(5)　x 軸への正射影. $\begin{pmatrix} x \\ y \end{pmatrix} \mapsto \begin{pmatrix} x \\ 0 \end{pmatrix}$ を表す行列は $\begin{pmatrix} 1 & 0 \\ 0 & 0 \end{pmatrix}$ (図 2.6)

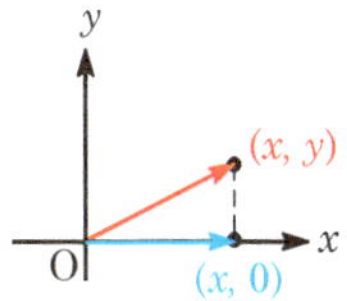

図 2.6

(6)　原点の周りの θ 回転.

$\begin{pmatrix} 1 \\ 0 \end{pmatrix} \mapsto \begin{pmatrix} \cos\theta \\ \sin\theta \end{pmatrix}$, $\begin{pmatrix} 0 \\ 1 \end{pmatrix} \mapsto \begin{pmatrix} -\sin\theta \\ \cos\theta \end{pmatrix}$ を

表す行列は $\begin{pmatrix} \cos\theta & -\sin\theta \\ \sin\theta & \cos\theta \end{pmatrix}$ (図 2.7)

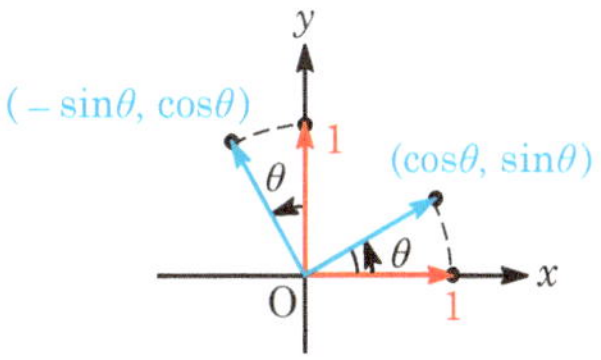

図 2.7

例題 2.10　点 $P(r\cos\alpha,\ r\sin\alpha)$ $(r>0)$ を回転行列 $\begin{pmatrix} \cos\theta & -\sin\theta \\ \sin\theta & \cos\theta \end{pmatrix}$ で表される一次変換で変換した点を P′ とすると，P′ は原点 O を中心に P を θ だけ回転した点であることを確認せよ.

(解)　$P(r\cos\alpha,\ r\sin\alpha)$ は原点との距離が r で，x 軸正方向と $\overrightarrow{OP}$ のなす角が α であるような点である (図 2.8).

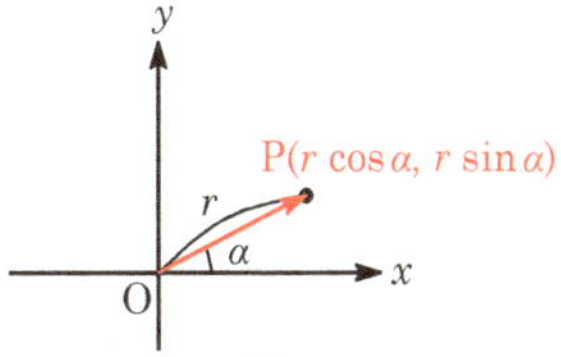

図 2.8

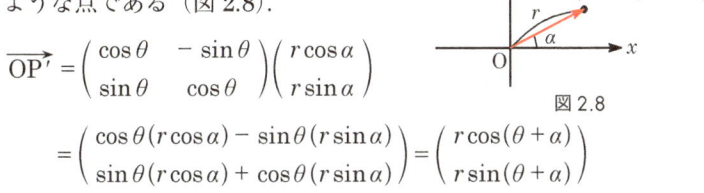

$$\overrightarrow{OP'} = \begin{pmatrix} \cos\theta & -\sin\theta \\ \sin\theta & \cos\theta \end{pmatrix}\begin{pmatrix} r\cos\alpha \\ r\sin\alpha \end{pmatrix}$$

$$= \begin{pmatrix} \cos\theta(r\cos\alpha) - \sin\theta(r\sin\alpha) \\ \sin\theta(r\cos\alpha) + \cos\theta(r\sin\alpha) \end{pmatrix} = \begin{pmatrix} r\cos(\theta+\alpha) \\ r\sin(\theta+\alpha) \end{pmatrix}$$

P′ の座標は

$$(r\cos(\theta+\alpha),\ r\sin(\theta+\alpha))$$

である．したがって，P′ は原点との距離が r で，x 軸正方向と $\overrightarrow{\mathrm{OP}}$ のなす角が $\theta+\alpha$ であるような点である（図 2.9）．

Pの位置と比べると，原点からの距離が変らず，x 軸の正方向となす角が θ だけ増えている．したがって P′ は P を原点を中心に θ だけ回転した点である．（証明終）

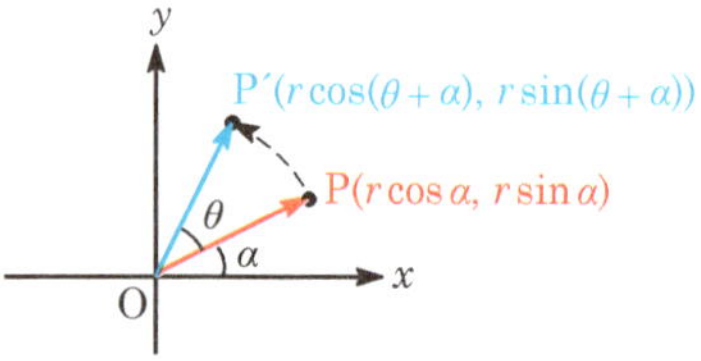

図 2.9

演習 2.10　y 軸への正射影を表す行列を求めよ．

一次変換のイメージ

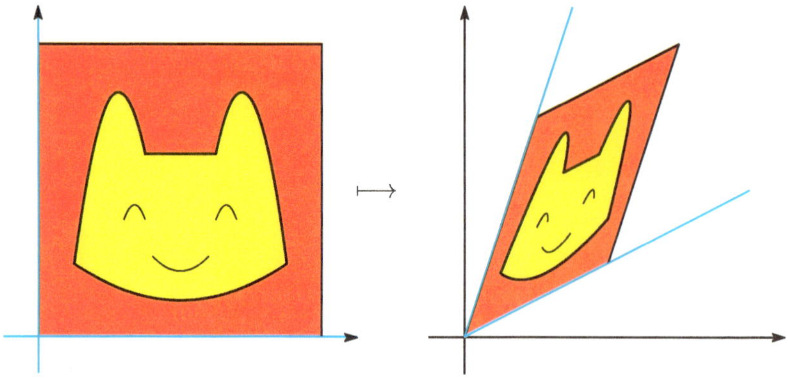
図 2.10

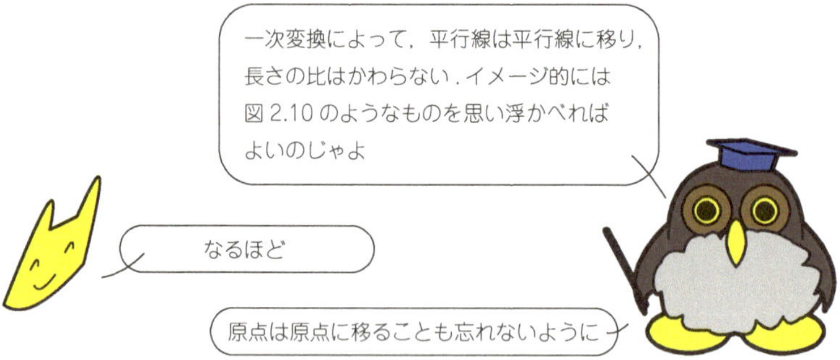

一次変換によって，平行線は平行線に移り，長さの比はかわらない．イメージ的には図 2.10 のようなものを思い浮かべればよいのじゃよ
なるほど
原点は原点に移ることも忘れないように

合成変換と行列の積

一次変換 f によって，$\begin{pmatrix} x \\ y \end{pmatrix}$ を $\begin{pmatrix} x' \\ y' \end{pmatrix}$ に移し，一次変換 g によって，$\begin{pmatrix} x' \\ y' \end{pmatrix}$ を $\begin{pmatrix} x'' \\ y'' \end{pmatrix}$ に移すとき，$\begin{pmatrix} x \\ y \end{pmatrix}$ を $\begin{pmatrix} x'' \\ y'' \end{pmatrix}$ に移す変換を f と g の**合成変換**といい，$g \circ f$ で表す．

$$\begin{pmatrix} x \\ y \end{pmatrix} \overset{f}{\mapsto} \begin{pmatrix} x' \\ y' \end{pmatrix} \overset{g}{\mapsto} \begin{pmatrix} x'' \\ y'' \end{pmatrix} \quad (g \circ f)$$

ここで，f，g を表す行列を A，B とすると，

$$\begin{pmatrix} x'' \\ y'' \end{pmatrix} = B\begin{pmatrix} x' \\ y' \end{pmatrix} = B\left\{ A\begin{pmatrix} x \\ y \end{pmatrix} \right\} = BA\begin{pmatrix} x \\ y \end{pmatrix}$$

となるから，$g \circ f$ は行列 BA によって表される一次変換である．

$BA\boldsymbol{x}$ の順序に注意．$\boldsymbol{x}$ に先に作用するのは A で次に B が作用する．変換の記号および行列の順序はそれぞれ $g \circ f$，BA である．

例題 2.11 xy 平面上で，点 P を x 軸について対称移動した点を Q，点 Q を $y=x$ について対称移動した点を R とするとき，点 P を点 R に移す一次変換を表す行列を求めよ．

(解) x 軸についての対称移動を表す行列を A とすると，

$$A = \begin{pmatrix} 1 & 0 \\ 0 & -1 \end{pmatrix}$$

$y=x$ についての対称移動を表す行列を B とすると，

$$B = \begin{pmatrix} 0 & 1 \\ 1 & 0 \end{pmatrix}$$

$\overrightarrow{OQ} = A\overrightarrow{OP}$，$\overrightarrow{OR} = B\overrightarrow{OQ}$ だから，$\overrightarrow{OR} = BA\overrightarrow{OP}$ よって，P を R に移す一次変換を表す行列は

$$BA = \begin{pmatrix} 0 & 1 \\ 1 & 0 \end{pmatrix}\begin{pmatrix} 1 & 0 \\ 0 & -1 \end{pmatrix} = \underline{\begin{pmatrix} 0 & -1 \\ 1 & 0 \end{pmatrix}}$$

(注) BA は原点中心の $90°$ 回転を表している.

演習 2.11 xy 平面上で，点 P を原点を中心に θ 回転した点を Q，点 Q を y 軸について対称移動した点を R とするとき，点 P を点 R に移す一次変換を表す行列を求めよ.

逆行列と逆変換

$f: \boldsymbol{x} \mapsto \boldsymbol{x}'$ のとき，$\boldsymbol{x}'$ に対して $\boldsymbol{x}$ がただ 1 つ存在するとき，$\boldsymbol{x}'$ から $\boldsymbol{x}$ への写像を f の**逆変換**といい f^{-1} で表す.

一次変換 f が逆変換 f^{-1} をもつのは f を表す行列 A が逆行列 A^{-1} をもつときで，f^{-1} を表す行列は A^{-1} である.

f, g が逆変換をもつとき，合成変換 $f \circ g$ の逆変換は $(f \circ g)^{-1} = g^{-1} \circ f^{-1}$ である.

例題 2.12 (1) 行列 $A = \begin{pmatrix} 1 & 2 \\ 2 & 3 \end{pmatrix}$ で表される一次変換によって，

(0, 0), (1, 2), (3, 4)

に移される点を求めよ.

(2) 行列 $B = \begin{pmatrix} 1 & 2 \\ 2 & 4 \end{pmatrix}$ で表される一次変換によって，

(0, 0), (1, 2), (3, 4)

に移される点全体を求めよ.

(解) (1) A は逆行列 $A^{-1} = \dfrac{1}{-1}\begin{pmatrix} 3 & -2 \\ -2 & 1 \end{pmatrix} = \begin{pmatrix} -3 & 2 \\ 2 & -1 \end{pmatrix}$ をもつ.

$A\begin{pmatrix} x \\ y \end{pmatrix} = \begin{pmatrix} a \\ b \end{pmatrix}$ なら，$\begin{pmatrix} x \\ y \end{pmatrix} = A^{-1}\begin{pmatrix} a \\ b \end{pmatrix}$ である.

$$\begin{pmatrix} -3 & 2 \\ 2 & -1 \end{pmatrix}\begin{pmatrix} 0 \\ 0 \end{pmatrix} = \begin{pmatrix} 0 \\ 0 \end{pmatrix}, \quad \begin{pmatrix} -3 & 2 \\ 2 & -1 \end{pmatrix}\begin{pmatrix} 1 \\ 2 \end{pmatrix} = \begin{pmatrix} 1 \\ 0 \end{pmatrix},$$

$$\begin{pmatrix} -3 & 2 \\ 2 & -1 \end{pmatrix}\begin{pmatrix} 3 \\ 4 \end{pmatrix} = \begin{pmatrix} -1 \\ 2 \end{pmatrix}$$

よって，(0, 0), (1, 2), (3, 4) に移される点はそれぞれ，

$(0,\ 0),\ (1,\ 0),\ (-1,\ 2)$

(2)　B は逆行列をもたない．

$$B\begin{pmatrix} x \\ y \end{pmatrix} = \begin{pmatrix} 1 & 2 \\ 2 & 4 \end{pmatrix}\begin{pmatrix} x \\ y \end{pmatrix} = \begin{pmatrix} x+2y \\ 2x+4y \end{pmatrix}$$

点 $(x,\ y)$ の像は $(x+2y,\ 2x+4y)$．

$(x+2y,\ 2x+4y)=(0,\ 0)$ とすると，$x+2y=0$

$(x+2y,\ 2x+4y)=(1,\ 2)$ とすると，$x+2y=1$

$(x+2y,\ 2x+4y)=(3,\ 4)$ とすると，これをみたす $x,\ y$ は存在しない．

よって，$(0,\ 0),\ (1,\ 2),\ (3,\ 4)$ に移される点全体はそれぞれ，

直線 $x+2y=0$，直線 $x+2y=1$，なし

逆行列をもたない行列で表される一次変換では移されない点があると同時に，複数の点が 1 点に移されることがあるのじゃ

演習 2.12　行列 $A=\begin{pmatrix} a & 1 \\ 1 & a \end{pmatrix}$ で表される一次変換によって，点 $(1,\ 1)$ に移される点全体を求めよ．

逆変換のない一次変換のイメージ

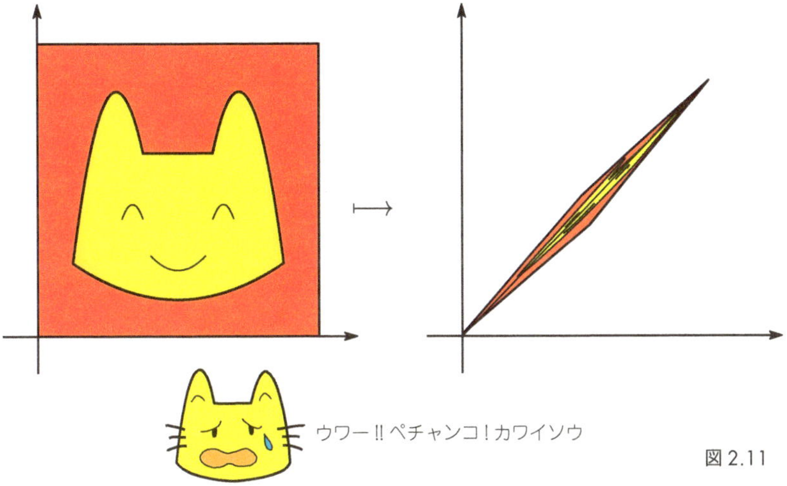

図 2.11

章末問題

2.1 $A=\begin{pmatrix} 2 & 1 \\ -2 & 2 \end{pmatrix}$, $B=\begin{pmatrix} 1 & 2 \\ -1 & -3 \end{pmatrix}$, $C=\begin{pmatrix} 3 & 1 \\ -2 & 4 \end{pmatrix}$, $D=\begin{pmatrix} 1 & 2 \\ 2 & -3 \end{pmatrix}$

とするとき，

$$2(AX+B)=CX+3D$$

をみたす 2×2 行列 X を求めよ．

2.2 $A=\begin{pmatrix} a & b \\ c & d \end{pmatrix}$, $E=\begin{pmatrix} 1 & 0 \\ 0 & 1 \end{pmatrix}$, $O=\begin{pmatrix} 0 & 0 \\ 0 & 0 \end{pmatrix}$とする．

(1) $A^2-(a+d)A+(ad-bc)E=O$ を示せ．

(2) $ad-bc=0$ のとき，自然数 n に対して，A^n を a，d および A で表せ．

2.3 原点をOとする座標平面上に異なる2点A, Bがある．一次変換 f によって，点Aは点Bに，点Bは点Aに移されるとする．

(1) f により直線ABは直線ABに移されることを示せ．

(2) 線分ABの中点をMとするとき，直線AB上で，f によって，自分自身に移される点はMのみであることを示せ．

2.4 行列 $A=\begin{pmatrix} 1 & 2 \\ 4 & 3 \end{pmatrix}$ で表される一次変換 f によって，原点Oを通る直線 l が l 自身に移されるという．直線 l に平行なベクトルの1つを $\begin{pmatrix} 1 \\ m \end{pmatrix}$ とおく．m を求めよ．

2.5 行列 $A=\begin{pmatrix} 1 & 2 \\ 3 & 6 \end{pmatrix}$ で表される一次変換 f によって，次の図形はどのような図形に移されるか．

(1) 直線 $y=x$　(2) $x+2y=0$　(3) xy 平面全体　(4) 円 $x^2+y^2=1$

第3章

連立1次方程式

3.1 連立1次方程式

係数行列，拡大係数行列と行基本変形

連立1次方程式の解法について考える．例えば，

問題1 連立方程式

$$\begin{cases} 2x+\ \ y-3z=-9 & \cdots① \\ \ \ x+2y+3z=6 & \cdots② \\ 3x-\ \ y+\ \ z=8 & \cdots③ \end{cases}$$

を解け．

（解） ①－2×②，③－3×②より，

$$-3y-9z=-21 \quad \cdots①', \quad -7y-8z=-10 \quad \cdots③'$$

①′を整理して，$y+3z=7$ …①″

③′＋7×①″から，

$$13z=39. \quad z=3$$

①″に代入して，$y=-2$．これらを，②に代入して，$x=1$．

以上より，

$$x=1, \ y=-2, \ z=3$$

中学校で学習したように，通常は上記のように①，②，③を適当に足し引きして文字を消去し，残った文字の連立方程式を解くという方法がとられる．

ここで，

$$A=\begin{pmatrix}2&1&-3\\1&2&3\\3&-1&1\end{pmatrix},\quad \boldsymbol{x}=\begin{pmatrix}x\\y\\z\end{pmatrix},\quad \boldsymbol{b}=\begin{pmatrix}-9\\6\\8\end{pmatrix}$$

のような行列を考えると，問題1の連立方程式は

$$\begin{pmatrix}2&1&-3\\1&2&3\\3&-1&1\end{pmatrix}\begin{pmatrix}x\\y\\z\end{pmatrix}=\begin{pmatrix}-9\\6\\8\end{pmatrix}$$

すなわち，

$$A\boldsymbol{x}=\boldsymbol{b} \tag{3.1}$$

のように書くことができる．

以下では，係数を成分とする行列を考える．問題1の連立1次方程式については次の2つの行列がある．

係数行列　　**拡大係数行列**

$$A=\begin{pmatrix}2&1&-3\\1&2&3\\3&-1&1\end{pmatrix}\quad (A\,|\,\boldsymbol{b})=\left(\begin{array}{ccc|c}2&1&-3&-9\\1&2&3&6\\3&-1&1&8\end{array}\right)$$

以下では，行列の係数の変形として連立方程式の解法を考える．

さて，実際に方程式を解くときに行う計算は次の3つにまとめられる．

$$\begin{cases}\text{Ⅰ}\quad \text{1つの式の両辺を何倍（}\neq 0\text{倍）かする．}\\ \text{Ⅱ}\quad \text{式を入れ替える．}\\ \text{Ⅲ}\quad \text{1つの式を何倍かして他の式に加える．}\end{cases}$$

ⅠとⅡは通常無意識で行われることが多い．すなわち，

$$\begin{cases}2x+\ \ y-3z=-9\\ \ \ x+2y+3z=6\end{cases}\iff\begin{cases}\ \ x+2y+3z=6\\2x+\ \ y-3z=-9\end{cases}$$

$$-3y-9z=-21\iff y+3z=7$$

であることはほぼ自明なことだからである．しかし，行列の成分のとして考えるとき，両辺の式の係数を何倍かすることや，式の入れ替えることは係数行列を変更するので無視することができない．

これらの操作を，係数行列，拡大係数行列の操作として考えるには上の「式」を「行」と読み替えればよい．

$$\begin{cases} \text{I} & 1\text{つの行を何倍}(\neq 0\text{倍})\text{かする.} \\ \text{II} & \text{行を入れ替える.} \\ \text{III} & 1\text{つの行を何倍かして他の行に加える.} \end{cases}$$

連立方程式を解くとき x を消去することは，1つの式を除いて，x の係数を0にすることに他ならない．通常の解法では残った2式に注目するのだが，係数行列を考えるときは，残りの1式（x の係数が0でない式）も残しておく．また，次に y を消去するということは，残った2つの式の一方の y の係数を0にすることである．

問題1 を行基本変形を用いて解く前に，まず行基本変形の練習をしよう．

例題 3.1　行列 $\begin{pmatrix} 0 & 2 & 3 \\ 2 & 6 & 4 \\ 1 & 1 & 2 \end{pmatrix}$ を指示に従って順に行基本変形せよ．

(1) 第2行を $\frac{1}{2}$ 倍する．（変形 I）

(2) 第1行と第3行を入れ替える．（変形 II）

(3) 第2行に第1行を -1 倍して加える．（変形 III）

（解）

(1) $\begin{pmatrix} 0 & 2 & 3 \\ 2 & 6 & 4 \\ 1 & 1 & 2 \end{pmatrix} \xrightarrow{\frac{1}{2}\times 2\text{行}} \underline{\begin{pmatrix} 0 & 2 & 3 \\ 1 & 3 & 2 \\ 1 & 1 & 2 \end{pmatrix}}$

(2) $\begin{pmatrix} 0 & 2 & 3 \\ 1 & 3 & 2 \\ 1 & 1 & 2 \end{pmatrix} \xrightarrow{1\text{行，}3\text{行の入れ替え}} \underline{\begin{pmatrix} 1 & 1 & 2 \\ 1 & 3 & 2 \\ 0 & 2 & 3 \end{pmatrix}}$

(3) $\begin{pmatrix} 1 & 1 & 2 \\ 1 & 3 & 2 \\ 0 & 2 & 3 \end{pmatrix} \xrightarrow{2\text{行}-1\text{行}} \underline{\begin{pmatrix} 1 & 1 & 2 \\ 0 & 2 & 0 \\ 0 & 2 & 3 \end{pmatrix}}$

演習 3.1　行列 $\begin{pmatrix} -3 & -9 & 3 \\ -5 & 1 & 1 \\ 0 & 4 & 1 \end{pmatrix}$ を指示に従って順に行基本変形せよ．

(1) 第1行を $-\frac{1}{3}$ 倍する．（変形 I）

(2) 第2行と第3行を入れ替える．（変形 II）

(3) 第 3 行に第 1 行を 5 倍して加える．（変形Ⅲ）

(4) 第 3 行に第 2 行を − 4 倍して加える．（変形Ⅲ）

では，具体的に**問題 1** を従来の方法と拡大係数行列の変形と比較しながら解いてみよう．連立方程式の解法は **3.1 節** (p.53) の**(解)**の方法と同じである．

連立方程式，拡大係数行列，使う処理をこの順に併記することにする．

$$\begin{cases} 2x+\ \ y-3z=-9 & \cdots ① \\ x+2y+3z=6 & \cdots ② \\ 3x-\ \ y+\ \ z=8 & \cdots ③ \end{cases} \qquad \left(\begin{array}{ccc|c} 2 & 1 & -3 & -9 \\ 1 & 2 & 3 & 6 \\ 3 & -1 & 1 & 8 \end{array}\right) \quad \xrightarrow[\text{入れ替え}]{\text{Ⅱ}^{*}\ ①と②の}$$

$$\begin{cases} x+2y+3z=6 & \cdots ② \\ 2x+\ \ y-3z=-9 & \cdots ① \\ 3x-\ \ y+\ \ z=8 & \cdots ③ \end{cases} \qquad \left(\begin{array}{ccc|c} 1 & 2 & 3 & 6 \\ 2 & 1 & -3 & -9 \\ 3 & -1 & 1 & 8 \end{array}\right) \quad \xrightarrow[③-3\times②]{\text{Ⅲ}^{*}\ ①-2\times②}$$

（×2，× − 3）

$$\begin{cases} x+2y+3z=6 & \cdots ② \\ \quad -3y-9z=-21 & \cdots ①' \\ \quad -7y-8z=-10 & \cdots ③' \end{cases} \qquad \left(\begin{array}{ccc|c} 1 & 2 & 3 & 6 \\ 0 & -3 & -9 & -21 \\ 0 & -7 & -8 & -10 \end{array}\right)$$

ここで，x が消去されたことになり，通常は以下しばらくは①′，③′の連立方程式を解く．しかし，②がなくなったのではなく最後に求められた y, z を代入したりするので，以下では②をそのままにして先に進める．

x の消去は係数行列の第 1 列（x の係数）の第 2 行以下が 0 になることを意味する．以下続けよう．

$$\begin{cases} x+2y+3z=6 & \cdots ② \\ \quad -3y-9z=-21 & \cdots ①' \\ \quad -7y-8z=-10 & \cdots ③' \end{cases} \qquad \times -\frac{1}{3} \left(\begin{array}{ccc|c} 1 & 2 & 3 & 6 \\ 0 & -3 & -9 & -21 \\ 0 & -7 & -8 & -10 \end{array}\right) \quad \xrightarrow{\text{Ⅰ}^{*}\ -\frac{1}{3}\times①'}$$

$$\begin{cases} x+2y+3z=6 & \cdots ② \\ \qquad y+3z=7 & \cdots ①'' \\ \quad -7y-8z=-10 & \cdots ③' \end{cases} \qquad \left(\begin{array}{ccc|c} 1 & 2 & 3 & 6 \\ 0 & 1 & 3 & 7 \\ 0 & -7 & -8 & -10 \end{array}\right) \quad \xrightarrow{\text{Ⅲ}\ ③'+7\times①''}$$

（×7）

$$\begin{cases} x+2y+3z=6 & \cdots ② \\ \qquad y+3z=7 & \cdots ①'' \\ \qquad\quad 13z=39 & \cdots ③'' \end{cases} \qquad \left(\begin{array}{ccc|c} 1 & 2 & 3 & 6 \\ 0 & 1 & 3 & 7 \\ 0 & 0 & 13 & 39 \end{array}\right) \times\frac{1}{13} \quad \xrightarrow{\text{Ⅰ}\ \frac{1}{13}\times③''}$$

$$\begin{cases} x+2y+3z=6 & \cdots ② \\ \qquad y+3z=7 & \cdots ①'' \\ \qquad\qquad z=3 & \cdots ③''' \end{cases} \qquad \left(\begin{array}{ccc|c} 1 & 2 & 3 & 6 \\ 0 & 1 & 3 & 7 \\ 0 & 0 & 1 & 3 \end{array}\right)$$

通常はここで，z の値を①″，③‴ に代入し，y を求めて，x を求めるという手順になる．ここまでを**前進消去**という．

さらに続けて，z，y の値を順次代入する操作に相当する計算を行の演算で行うことができる．以下を**後退消去**という．

$$\begin{cases} x+2y+3z=6 & \cdots② \\ \quad\ \ y+3z=7 & \cdots①'' \\ \qquad\quad\ z=3 & \cdots③''' \end{cases} \quad \left(\begin{array}{ccc|c} 1 & 2 & 3 & 6 \\ 0 & 1 & 3 & 7 \\ 0 & 0 & 1 & 3 \end{array}\right) \quad \xrightarrow[①''-3\times③''']{\text{Ⅲ}\quad ②-3\times③'''}$$

$$\begin{cases} x+2y=-3 & \cdots②' \\ \quad\ \ y=-2 & \cdots①''' \\ \quad\ \ z=3 & \cdots③''' \end{cases} \quad \left(\begin{array}{ccc|c} 1 & 2 & 0 & -3 \\ 0 & 1 & 0 & -2 \\ 0 & 0 & 1 & 3 \end{array}\right) \quad \xrightarrow[②'-2\times①''']{\text{Ⅲ}}$$

$$\begin{cases} x=1 \\ y=-2 \\ z=3 \end{cases} \quad \left(\begin{array}{ccc|c} 1 & 0 & 0 & 1 \\ 0 & 1 & 0 & -2 \\ 0 & 0 & 1 & 3 \end{array}\right)$$

上で見たようにⅠ，Ⅱ，Ⅲのどれかを使うだけで連立 1 次方程式は解ける．またⅠ，Ⅱ，Ⅲは行列の行と行の間の加減に対応させられる．このような式変形の仕方を**掃出し法**または**ガウスの消去法**という．また，これに伴って行列を変化させる方法を**行基本変形**という．すなわち，行基本変形は次のことを目標として行われる．ただし，E は単位行列である．

$$(A|\boldsymbol{b}) \to (E|\boldsymbol{b}')$$

上では前進消去の後に後退消去を行ったが，必ずしもこの順に行わなくてもよい．

ふー，やれやれ，やっと答が出た．なんだか無駄なことをやっているように思えます

そうではないんじゃ．いままで無意識にやっていたことの意味を確認しているんじゃ．この計算の中に行列計算の基本的な流れが含まれているんじゃよ

例題 3.2 次の連立1次方程式を拡大係数行列の行基本変形によって解け.

(1) $\begin{cases} 2x+3y=1 \\ x-y=3 \end{cases}$ (2) $\begin{cases} 2x+y+z=4 \\ x+2y+z=4 \\ x+y+2z=4 \end{cases}$

行基本変形は,「Ⅰ.1つの行を何倍(≠0倍)かする. Ⅱ.行を入れ替える. Ⅲ.1つの行を何倍かして他の行に加える.」である.

(解) (1)

$$\left(\begin{array}{cc|c} 2 & 3 & 1 \\ 1 & -1 & 3 \end{array}\right) \xrightarrow{\text{Ⅱ:1行, 2行の入れ替え}}$$

$$\left(\begin{array}{cc|c} 1 & -1 & 3 \\ 2 & 3 & 1 \end{array}\right) \xrightarrow{\text{Ⅲ:2行}-2\times\text{1行}}$$

$$\left(\begin{array}{cc|c} 1 & -1 & 3 \\ 0 & 5 & -5 \end{array}\right) \xrightarrow{\text{Ⅰ:}\frac{1}{5}\times\text{2行}}$$

$$\left(\begin{array}{cc|c} 1 & -1 & 3 \\ 0 & 1 & -1 \end{array}\right) \xrightarrow{\text{Ⅲ:1行}+\text{2行}}$$

$$\left(\begin{array}{cc|c} 1 & 0 & 2 \\ 0 & 1 & -1 \end{array}\right)$$

よって,

$$\begin{cases} x=2, \\ y=-1 \end{cases}$$

(2)

$$\left(\begin{array}{ccc|c} 2 & 1 & 1 & 4 \\ 1 & 2 & 1 & 4 \\ 1 & 1 & 2 & 4 \end{array}\right) \xrightarrow{\text{Ⅱ:1行, 2行の入れ替え}}$$

$$\left(\begin{array}{ccc|c} 1 & 2 & 1 & 4 \\ 2 & 1 & 1 & 4 \\ 1 & 1 & 2 & 4 \end{array}\right) \xrightarrow{\text{Ⅲ:2行}-2\times\text{1行, 3行}-\text{1行}}$$

$$\left(\begin{array}{ccc|c} 1 & 2 & 1 & 4 \\ 0 & -3 & -1 & -4 \\ 0 & -1 & 1 & 0 \end{array}\right) \xrightarrow{\text{Ⅰ:}-1\times\text{2行,}-1\times\text{3行}}$$

$$
\left(\begin{array}{ccc|c} 1 & 2 & 1 & 4 \\ 0 & 3 & 1 & 4 \\ 0 & 1 & -1 & 0 \end{array}\right)
\xrightarrow{\text{Ⅱ：2行，3行の入れ替え}}
$$

$$
\left(\begin{array}{ccc|c} 1 & 2 & 1 & 4 \\ 0 & 1 & -1 & 0 \\ 0 & 3 & 1 & 4 \end{array}\right)
\xrightarrow{\text{Ⅲ：1行}-2\times\text{2行，3行}-3\times\text{2行}}
$$

$$
\left(\begin{array}{ccc|c} 1 & 0 & 3 & 4 \\ 0 & 1 & -1 & 0 \\ 0 & 0 & 4 & 4 \end{array}\right)
\xrightarrow{\text{Ⅰ：}\frac{1}{4}\times\text{3行}}
$$

$$
\left(\begin{array}{ccc|c} 1 & 0 & 3 & 4 \\ 0 & 1 & -1 & 0 \\ 0 & 0 & 1 & 1 \end{array}\right)
\xrightarrow{\text{Ⅲ：1行}-3\times\text{3行，2行}+\text{3行}}
$$

$$
\left(\begin{array}{ccc|c} 1 & 0 & 0 & 1 \\ 0 & 1 & 0 & 1 \\ 0 & 0 & 1 & 1 \end{array}\right)
$$

よって，

$$
\begin{cases} x = 1 \\ y = 1 \\ z = 1 \end{cases}
$$

演習 3.2　次の連立 1 次方程式を拡大係数行列の行基本変形によって解け．

(1) $\begin{cases} x+2y=2 \\ 3x+4y=0 \end{cases}$　　(2) $\begin{cases} y-z=1 \\ x-2y+3z=0 \\ 3x-8y+6z=8 \end{cases}$

(3) $\begin{cases} 2x+5y+4z=1 \\ x+3y+2z=0 \\ 3x+7y+z=-3 \end{cases}$　　(4) $\begin{cases} x+2y+3z=2 \\ -x-y+4z=4 \\ 2x+5y+z=-2 \end{cases}$

基本行列

行基本変形を行列の演算としてみると，行列を左から掛けていることがわかる．**問題 1** の計算の中で，Ⅰ，Ⅱ，Ⅲの例を取りあげよう．

Ⅰの例として，Ⅰ$^*-\dfrac{1}{3}\times$①$'$に対応する計算を行列の演算として表すと

$$\begin{pmatrix} 1 & 0 & 0 \\ 0 & -\frac{1}{3} & 0 \\ 0 & 0 & 1 \end{pmatrix}\left(\begin{array}{ccc|c} 1 & 2 & 3 & 6 \\ 0 & -3 & -9 & -21 \\ 0 & -7 & -8 & -10 \end{array}\right)=\left(\begin{array}{ccc|c} 1 & 2 & 3 & 6 \\ 0 & 1 & 3 & 7 \\ 0 & -7 & -8 & -10 \end{array}\right)$$

i 行を c（$\neq 0$）倍するには対角成分のうち，（i, i）成分が c で，他の対角成分が1，非対角成分がすべて0の行列を左から掛ければよい．Ⅰ*の例では $i=2$, $c=-\frac{1}{3}$.

Ⅱの例として，Ⅱ*①と②を入れ替えるに対応する計算を行列の演算として表すと

$$\begin{pmatrix} 0 & 1 & 0 \\ 1 & 0 & 0 \\ 0 & 0 & 1 \end{pmatrix}\left(\begin{array}{ccc|c} 2 & 1 & -3 & -9 \\ 1 & 2 & 3 & 6 \\ 3 & -1 & 1 & 8 \end{array}\right)=\left(\begin{array}{ccc|c} 1 & 2 & 3 & 6 \\ 2 & 1 & -3 & -9 \\ 3 & -1 & 1 & 8 \end{array}\right)$$

i 行と j 行を入れ替えるには対角成分のうち，（i, i）成分，（j, j）成分が0で，他の対角成分が1，非対角成分のうち（i, j）成分，（j, i）成分が1で，他の非対角成分が0の行列を左から掛ければよい．Ⅱ*の例では $i=1$, $j=2$.

Ⅲの例として，Ⅲ*①－2×②に対応する計算を行列の演算として表す．Ⅲ*の計算では③－3×②も同時に行っているが，ここでは①－2×②のみを行うとする．

$$\begin{pmatrix} 1 & 0 & 0 \\ -2 & 1 & 0 \\ 0 & 0 & 1 \end{pmatrix}\left(\begin{array}{ccc|c} 1 & 2 & 3 & 6 \\ 2 & 1 & -3 & -9 \\ 3 & -1 & 1 & 8 \end{array}\right)=\left(\begin{array}{ccc|c} 1 & 2 & 3 & 6 \\ 0 & -3 & -9 & -21 \\ 3 & -1 & 1 & 8 \end{array}\right)$$

j 行を c 倍して i 行に加えるには対角成分はすべて1で，非対角成分のうち（i, j）成分が c で，他の非対角成分0の行列を左から掛ければよい．Ⅲ*の例では $(i, j)=(2, 1)$, $c=-2$.

以下のような3つの形の行列を**基本行列**という．

（Ⅰ）対角成分のうち，（i, i）成分が c で，他の対角成分が1，非対角成分がすべて0の行列．

（Ⅱ）対角成分のうち，（i, i）成分，（j, j）成分が0で，他の対角成分が1，非対角成分のうち（i, j）成分，（j, i）成分が1で，他の非対角成分0の行列．

（Ⅲ）対角成分はすべて1で，非対角成分のうち（i, j）成分が c で，他の非対角成分0の行列．

（例）$\begin{pmatrix} 1 & 0 & 0 \\ 0 & c & 0 \\ 0 & 0 & 1 \end{pmatrix}, \quad \begin{pmatrix} 0 & 1 & 0 \\ 1 & 0 & 0 \\ 0 & 0 & 1 \end{pmatrix}, \quad \begin{pmatrix} 1 & 0 & 0 \\ c & 1 & 0 \\ 0 & 0 & 1 \end{pmatrix}$ (3.2)

以下では，便宜上2つ以上の基本行列の積

$$\begin{pmatrix} a & 0 & 0 \\ 0 & 1 & 0 \\ 0 & 0 & 1 \end{pmatrix}\begin{pmatrix} 1 & 0 & 0 \\ 0 & b & 0 \\ 0 & 0 & 1 \end{pmatrix}\begin{pmatrix} 1 & 0 & 0 \\ 0 & 1 & 0 \\ 0 & 0 & c \end{pmatrix} = \begin{pmatrix} a & 0 & 0 \\ 0 & b & 0 \\ 0 & 0 & c \end{pmatrix}$$

$$\begin{pmatrix} 0 & 1 & 0 \\ 1 & 0 & 0 \\ 0 & 0 & 1 \end{pmatrix}\begin{pmatrix} 1 & 0 & 0 \\ 0 & 0 & 1 \\ 0 & 1 & 0 \end{pmatrix} = \begin{pmatrix} 0 & 0 & 1 \\ 1 & 0 & 0 \\ 0 & 1 & 0 \end{pmatrix}$$

$$\begin{pmatrix} 1 & 0 & 0 \\ b & 1 & 0 \\ 0 & 0 & 1 \end{pmatrix}\begin{pmatrix} 1 & 0 & 0 \\ 0 & 1 & 0 \\ c & 0 & 1 \end{pmatrix} = \begin{pmatrix} 1 & 0 & 0 \\ b & 1 & 0 \\ c & 0 & 1 \end{pmatrix}$$

なども適宜使う．

基本行列の逆行列

行基本変形をもとに戻すには同じように行基本変形をすればよい．

Ⅰ　1つの行を c ($\neq 0$) 倍する逆は，その行を $\dfrac{1}{c}$ 倍することである．

Ⅱ　式を入れ替えることの逆はもう一回式を入れ替えることである．

Ⅲ　第 i 行を k 倍して第 j 行に加えることの逆は，第 i 行を $-k$ 倍して第 j 行に加えることである．

これらのことを考慮すれば，基本行列の逆行列を考えることができる．

(3.2) 式の行列の逆行列は次の通り．基本行列の逆行列も基本行列である．

$$\begin{pmatrix} 1 & 0 & 0 \\ 0 & c & 0 \\ 0 & 0 & 1 \end{pmatrix}^{-1} = \begin{pmatrix} 1 & 0 & 0 \\ 0 & \dfrac{1}{c} & 0 \\ 0 & 0 & 1 \end{pmatrix}$$

$$\begin{pmatrix} 0 & 1 & 0 \\ 1 & 0 & 0 \\ 0 & 0 & 1 \end{pmatrix}^{-1} = \begin{pmatrix} 0 & 1 & 0 \\ 1 & 0 & 0 \\ 0 & 0 & 1 \end{pmatrix}$$

$$\begin{pmatrix} 1 & 0 & 0 \\ c & 1 & 0 \\ 0 & 0 & 1 \end{pmatrix}^{-1} = \begin{pmatrix} 1 & 0 & 0 \\ -c & 1 & 0 \\ 0 & 0 & 1 \end{pmatrix}$$

例題 3.3 次の連立1次方程式を拡大係数行列の行基本変形によって解き，さらに求められた拡大係数行列をもとの拡大係数行列に基本行列を左から掛ける形で表せ．

$$\begin{cases} 2x+3y=5 \\ x+2y=3 \end{cases}$$

(解) 行基本変形の説明は省略する．

$$\left(\begin{array}{cc|c} 2 & 3 & 5 \\ 1 & 2 & 3 \end{array}\right) \xrightarrow[]{\text{II}} \left(\begin{array}{cc|c} 1 & 2 & 3 \\ 2 & 3 & 5 \end{array}\right) \xrightarrow[\times -2]{\text{III}} \left(\begin{array}{cc|c} 1 & 2 & 3 \\ 0 & -1 & -1 \end{array}\right)$$

$$\xrightarrow[\times -1]{\text{I}} \left(\begin{array}{cc|c} 1 & 2 & 3 \\ 0 & 1 & 1 \end{array}\right) \xrightarrow[\times -2]{\text{III}} \left(\begin{array}{cc|c} 1 & 0 & 1 \\ 0 & 1 & 1 \end{array}\right)$$

よって，$\underline{x=1,\ y=1}$.

上記の変形を基本行列で表す．

まず，$\begin{pmatrix} 0 & 1 \\ 1 & 0 \end{pmatrix}$を掛けて，$\begin{pmatrix} 0 & 1 \\ 1 & 0 \end{pmatrix}\left(\begin{array}{cc|c} 2 & 3 & 5 \\ 1 & 2 & 3 \end{array}\right)=\left(\begin{array}{cc|c} 1 & 2 & 3 \\ 2 & 3 & 5 \end{array}\right)$

$\begin{pmatrix} 1 & 0 \\ -2 & 1 \end{pmatrix}$を掛けて，$\begin{pmatrix} 1 & 0 \\ -2 & 1 \end{pmatrix}\left(\begin{array}{cc|c} 1 & 2 & 3 \\ 2 & 3 & 5 \end{array}\right)=\left(\begin{array}{cc|c} 1 & 2 & 3 \\ 0 & -1 & -1 \end{array}\right)$

$\begin{pmatrix} 1 & 0 \\ 0 & -1 \end{pmatrix}$を掛けて，$\begin{pmatrix} 1 & 0 \\ 0 & -1 \end{pmatrix}\left(\begin{array}{cc|c} 1 & 2 & 3 \\ 0 & -1 & -1 \end{array}\right)=\left(\begin{array}{cc|c} 1 & 2 & 3 \\ 0 & 1 & 1 \end{array}\right)$

$\begin{pmatrix} 1 & -2 \\ 0 & 1 \end{pmatrix}$を掛けて，$\begin{pmatrix} 1 & -2 \\ 0 & 1 \end{pmatrix}\left(\begin{array}{cc|c} 1 & 2 & 3 \\ 0 & 1 & 1 \end{array}\right)=\left(\begin{array}{cc|c} 1 & 0 & 1 \\ 0 & 1 & 1 \end{array}\right)$

まとめて書くと

$$\underline{\begin{pmatrix} 1 & -2 \\ 0 & 1 \end{pmatrix}\begin{pmatrix} 1 & 0 \\ 0 & -1 \end{pmatrix}\begin{pmatrix} 1 & 0 \\ -2 & 1 \end{pmatrix}\begin{pmatrix} 0 & 1 \\ 1 & 0 \end{pmatrix}\left(\begin{array}{cc|c} 2 & 3 & 5 \\ 1 & 2 & 3 \end{array}\right)}$$

$$=\left(\begin{array}{cc|c} 1 & 0 & 1 \\ 0 & 1 & 1 \end{array}\right)$$

演習 3.3 **問題 1** の変形を基本行列を左から掛ける形で表せ．

同次連立1次方程式と自明な解

問題 1 の連立1次方程式の右辺が0である連立1次方程式

$$\begin{cases} 2x + \ \ y - 3z = 0 \\ \ \ x + 2y + 3z = 0 \\ 3x - \ \ y + \ \ z = 0 \end{cases}$$

を考える．この連立方程式のように定数項が 0 の連立 1 次方程式を**同次連立 1 次方程式**または**斉次連立 1 次方程式**という．この連立方程式は明らかに $x=0$, $y=0$, $z=0$ という解をもつ．同次連立 1 次方程式はすべての未知数が 0 の解をもつ．このような解を**自明な解**という．自明な解以外の解があるとき，その解を**自明でない解**という．

この問題を次の例題 3.4 (1) として具体的に解く．

例題 3.4 次の連立 1 次方程式を拡大係数行列に基本行列を掛けることによって解け．

(1) $\begin{cases} 2x + \ \ y - 3z = 0 \\ \ \ x + 2y + 3z = 0 \\ 3x - \ \ y + \ \ z = 0 \end{cases}$ (2) $\begin{cases} \ \ x + 2y - \ \ z = 0 \\ 2x + \ \ y + 3z = 0 \\ 3x + 3y + 2z = 0 \end{cases}$

(解) (1) 拡大係数行列は $\left(\begin{array}{ccc|c} 2 & 1 & -3 & 0 \\ 1 & 2 & 3 & 0 \\ 3 & -1 & 1 & 0 \end{array}\right)$

第 1 行と第 2 行を入れ替える．

$$\begin{pmatrix} 0 & 1 & 0 \\ 1 & 0 & 0 \\ 0 & 0 & 1 \end{pmatrix}\left(\begin{array}{ccc|c} 2 & 1 & -3 & 0 \\ 1 & 2 & 3 & 0 \\ 3 & -1 & 1 & 0 \end{array}\right) = \left(\begin{array}{ccc|c} 1 & 2 & 3 & 0 \\ 2 & 1 & -3 & 0 \\ 3 & -1 & 1 & 0 \end{array}\right)$$

第 1 行を −2 倍して第 2 行に加え，第 1 行を −3 倍して第 3 行に加える．

$$\begin{pmatrix} 1 & 0 & 0 \\ -2 & 1 & 0 \\ -3 & 0 & 1 \end{pmatrix}\left(\begin{array}{ccc|c} 1 & 2 & 3 & 0 \\ 2 & 1 & -3 & 0 \\ 3 & -1 & 1 & 0 \end{array}\right) = \left(\begin{array}{ccc|c} 1 & 2 & 3 & 0 \\ 0 & -3 & -9 & 0 \\ 0 & -7 & -8 & 0 \end{array}\right)$$

第 2 行を $-\dfrac{1}{3}$ 倍し，第 3 行を −1 倍する．

$$\begin{pmatrix} 1 & 0 & 0 \\ 0 & -\frac{1}{3} & 0 \\ 0 & 0 & -1 \end{pmatrix}\left(\begin{array}{ccc|c} 1 & 2 & 3 & 0 \\ 0 & -3 & -9 & 0 \\ 0 & -7 & -8 & 0 \end{array}\right) = \left(\begin{array}{ccc|c} 1 & 2 & 3 & 0 \\ 0 & 1 & 3 & 0 \\ 0 & 7 & 8 & 0 \end{array}\right)$$

第 2 行を -2 倍して第 1 行に加え，第 2 行を -7 倍して第 3 行に加える．

$$\begin{pmatrix} 1 & -2 & 0 \\ 0 & 1 & 0 \\ 0 & -7 & 1 \end{pmatrix}\left(\begin{array}{ccc|c} 1 & 2 & 3 & 0 \\ 0 & 1 & 3 & 0 \\ 0 & 7 & 8 & 0 \end{array}\right)=\left(\begin{array}{ccc|c} 1 & 0 & -3 & 0 \\ 0 & 1 & 3 & 0 \\ 0 & 0 & -13 & 0 \end{array}\right)$$

第 3 行を $-\dfrac{1}{13}$ 倍する．

$$\begin{pmatrix} 1 & 0 & 0 \\ 0 & 1 & 0 \\ 0 & 0 & -\frac{1}{13} \end{pmatrix}\left(\begin{array}{ccc|c} 1 & 0 & -3 & 0 \\ 0 & 1 & 3 & 0 \\ 0 & 0 & -13 & 0 \end{array}\right)=\left(\begin{array}{ccc|c} 1 & 0 & -3 & 0 \\ 0 & 1 & 3 & 0 \\ 0 & 0 & 1 & 0 \end{array}\right)$$

第 3 行を 3 倍して第 1 行に加え，第 3 行を -3 倍して第 2 行に加える．

$$\begin{pmatrix} 1 & 0 & 3 \\ 0 & 1 & -3 \\ 0 & 0 & 1 \end{pmatrix}\left(\begin{array}{ccc|c} 1 & 0 & -3 & 0 \\ 0 & 1 & 3 & 0 \\ 0 & 0 & 1 & 0 \end{array}\right)=\left(\begin{array}{ccc|c} 1 & 0 & 0 & 0 \\ 0 & 1 & 0 & 0 \\ 0 & 0 & 1 & 0 \end{array}\right)$$

これから，

$$\underline{\begin{cases} x=0 \\ y=0 \\ z=0 \end{cases}}$$

(2) 拡大係数行列は $\left(\begin{array}{ccc|c} 1 & 2 & -1 & 0 \\ 2 & 1 & 3 & 0 \\ 3 & 3 & 2 & 0 \end{array}\right)$

第 1 行を -2 倍して第 2 行に加え，第 1 行を -3 倍して第 3 行に加える．

$$\begin{pmatrix} 1 & 0 & 0 \\ -2 & 1 & 0 \\ -3 & 0 & 1 \end{pmatrix}\left(\begin{array}{ccc|c} 1 & 2 & -1 & 0 \\ 2 & 1 & 3 & 0 \\ 3 & 3 & 2 & 0 \end{array}\right)=\left(\begin{array}{ccc|c} 1 & 2 & -1 & 0 \\ 0 & -3 & 5 & 0 \\ 0 & -3 & 5 & 0 \end{array}\right)$$

第 2 行を $\dfrac{2}{3}$ 倍して第 1 行に加え，第 2 行を第 3 行から引く．

$$\begin{pmatrix} 1 & \frac{2}{3} & 0 \\ 0 & 1 & 0 \\ 0 & -1 & 1 \end{pmatrix}\left(\begin{array}{ccc|c} 1 & 2 & -1 & 0 \\ 0 & -3 & 5 & 0 \\ 0 & -3 & 5 & 0 \end{array}\right)=\left(\begin{array}{ccc|c} 1 & 0 & \frac{7}{3} & 0 \\ 0 & -3 & 5 & 0 \\ 0 & 0 & 0 & 0 \end{array}\right)$$

よって，

$$x+\frac{7}{3}z=0, \quad -3y+5z=0$$

z は任意で，

$$\left\{\begin{array}{l} x=-\dfrac{7}{3}z \\ y=\ \ \dfrac{5}{3}z \end{array}\right.$$

同次連立 1 次方程式の解

例題 3.4 の方程式を行基本変形で解き，係数行列，拡大係数行列を変形すると（1）は自明な解 $x=y=z=0$ だけであった．

しかし，(2) は拡大係数行列を変形すると $\left(\begin{array}{ccc|c} 1 & 0 & \frac{7}{3} & 0 \\ 0 & -3 & 5 & 0 \\ 0 & 0 & 0 & 0 \end{array}\right)$ ようになった．

係数行列をもとの形にもどすと，$\left\{\begin{array}{r} x+\dfrac{7}{3}z=0 \\ -3y+\ \ 5z=0 \\ 0=\ \ 0 \end{array}\right.$ となる．最後の $0=0$ は意味をもたないから，意味をもつのは上の 2 つ式である．

例えば $(x,\ y,\ z)=(-7,\ 5,\ 3)$ も解になる．この方程式は自明でない解をもっていることがわかる．

（解） にあるように，$x=-\dfrac{7}{3}z$，$y=\dfrac{5}{3}z$ とおくと，z の値が定まれば，x, y が定まる．すなわち，z の個数だけ解がある．z は実数全体をとりうるから，例題 3.4（2）の方程式は無数の解をもつ．

また，例えば，$x=-7k$，$y=5k$，$z=3k$ とおいても解である．同次連立 1 次方程式が自明でない解をもつとき，その定数倍や和も解である．

このような定数 z や k を**任意定数**という．任意定数のとり方はいろいろ考えられるが，任意定数の個数は常に変らない．任意定数の個数を解の**自由度**という．

例えば，方程式の解が $\left\{\begin{array}{l} x=s \\ y=t \\ z=s+t \end{array}\right.$ となるときは，任意定数が 2 個で自由度は 2 であるという．

任意定数を変化させてできる解全体を**一般解**という．一方，**例題 3.4（2）** の解のうち $(x,\ y,\ z)=(0,\ 0,\ 0)$ や $(-7,\ 5,\ 3)$ は任意定数 k を 0 や 1 としたものである．このように無数の解のうちの 1 つを**特殊解**という．

同次連立1次方程式の右辺は変形してもすべて0であるから，拡大係数行列を考える必要はなく，係数行列の変形だけでよい．

演習 3.4　次の連立1次方程式を解け．

$$\begin{cases} \quad\quad y+2z=0 \\ x+\ y+\ z=0 \\ 3x+2y+\ z=0 \end{cases}$$

非同次連立1次方程式

問題1の連立方程式のように定数項がすべては0ではない連立方程式を**非同次連立1次方程式**または**非斉次連立1次方程式**という．

3.2　連立1次方程式の解

解が1つに定まらない場合，解がない場合

問題2　次の連立方程式を解け．

$$\begin{cases} x+2y-3z=6 \\ 2x+\ y-3z=9 \\ 3x-\ y-2z=4 \end{cases}$$

について，**問題1**と同様に考えてみよう．

拡大係数行列は $\left(\begin{array}{ccc|c} 1 & 2 & -3 & 6 \\ 2 & 1 & -3 & 9 \\ 3 & -1 & -2 & 4 \end{array}\right)$

第1行を−2倍して第2行に加え，第1行を−3倍して第3行に加える．

$$\begin{pmatrix} 1 & 0 & 0 \\ -2 & 1 & 0 \\ -3 & 0 & 1 \end{pmatrix}\left(\begin{array}{ccc|c} 1 & 2 & -3 & 6 \\ 2 & 1 & -3 & 9 \\ 3 & -1 & -2 & 4 \end{array}\right)=\left(\begin{array}{ccc|c} 1 & 2 & -3 & 6 \\ 0 & -3 & 3 & -3 \\ 0 & -7 & 7 & -14 \end{array}\right)$$

第2行を $-\dfrac{1}{3}$ 倍し，第3行を $-\dfrac{1}{7}$ 倍する．

$$\begin{pmatrix} 1 & 0 & 0 \\ 0 & -\frac{1}{3} & 0 \\ 0 & 0 & -\frac{1}{7} \end{pmatrix} \left(\begin{array}{ccc|c} 1 & 2 & -3 & 6 \\ 0 & -3 & 3 & -3 \\ 0 & -7 & 7 & -14 \end{array}\right) = \left(\begin{array}{ccc|c} 1 & 2 & -3 & 6 \\ 0 & 1 & -1 & 1 \\ 0 & 1 & -1 & 2 \end{array}\right)$$

第 3 行から第 2 行を引く.

$$\begin{pmatrix} 1 & 0 & 0 \\ 0 & 1 & 0 \\ 0 & -1 & 1 \end{pmatrix} \left(\begin{array}{ccc|c} 1 & 2 & -3 & 6 \\ 0 & 1 & -1 & 1 \\ 0 & 1 & -1 & 2 \end{array}\right) = \left(\begin{array}{ccc|c} 1 & 2 & -3 & 6 \\ 0 & 1 & -1 & 1 \\ 0 & 0 & 0 & 1 \end{array}\right)$$

第 3 行から $0=1$ という矛盾した式が導かれるからこの方程式は解をもたない.

次に, **問題 2** の方程式の第 3 式の右辺だけを変えた以下の問題を考える.

問題 3 次の連立方程式を解け.

$$\begin{cases} x+2y-3z=6 \\ 2x+\ \ y-3z=9 \\ 3x-\ \ y-2z=11 \end{cases}$$

問題 2 と同じ行列を順次左から掛けることにより

$$\left(\begin{array}{ccc|c} 1 & 2 & -3 & 6 \\ 2 & 1 & -3 & 9 \\ 3 & -1 & -2 & 11 \end{array}\right) \to \left(\begin{array}{ccc|c} 1 & 2 & -3 & 6 \\ 0 & 1 & -1 & 1 \\ 0 & 0 & 0 & 0 \end{array}\right)$$

となる. この場合は第 3 行は $0=0$ となり自明な式になる.

この場合も係数行列を単位行列にすることはできない. 以下で示すように第 2 列について第 2 行以外の成分を 0 にすることはできるが, そうすると, 第 3 列の第 1 行の成分を 0 にすることはできない. また全部 0 になった第 3 行はそのままにするしかない.

第 2 行を -2 倍して第 1 行に加えて,

$$\begin{pmatrix} 1 & -2 & 0 \\ 0 & 1 & 0 \\ 0 & 0 & 1 \end{pmatrix} \left(\begin{array}{ccc|c} 1 & 2 & -3 & 6 \\ 0 & 1 & -1 & 1 \\ 0 & 0 & 0 & 0 \end{array}\right) = \left(\begin{array}{ccc|c} 1 & 0 & -1 & 4 \\ 0 & 1 & -1 & 1 \\ 0 & 0 & 0 & 0 \end{array}\right)$$

までできる. この場合方程式は

$$\begin{cases} x-z=4 \\ y-z=1 \end{cases}$$

となる．$z=t$ とおくと，

$$\begin{cases} x=t+4 \\ y=t+1 \\ z=t \end{cases}$$

となる．この場合 t の値は任意にとれて，t の値が定まれば x，y，z の値も定まる．これが解である．t を使わず解を，z は任意で，

$$\begin{cases} x=z+4 \\ y=z+1 \end{cases}$$

としてもよい．

例題 3.5　次の連立 1 次方程式を拡大係数行列に基本行列を掛けることによって解け．

$$\begin{cases} x+2y+5z+3w=0 \\ 2x+3y+8z+4w=0 \\ 3x+2y+7z+w=0 \end{cases}$$

(解)　拡大係数行列は $\left(\begin{array}{cccc|c} 1 & 2 & 5 & 3 & 0 \\ 2 & 3 & 8 & 4 & 0 \\ 3 & 2 & 7 & 1 & 0 \end{array}\right)$

第 1 行を -2 倍して第 2 行に加え，第 1 行を -3 倍して第 3 行に加える．

$$\begin{pmatrix} 1 & 0 & 0 \\ -2 & 1 & 0 \\ -3 & 0 & 1 \end{pmatrix}\left(\begin{array}{cccc|c} 1 & 2 & 5 & 3 & 0 \\ 2 & 3 & 8 & 4 & 0 \\ 3 & 2 & 7 & 1 & 0 \end{array}\right)=\left(\begin{array}{cccc|c} 1 & 2 & 5 & 3 & 0 \\ 0 & -1 & -2 & -2 & 0 \\ 0 & -4 & -8 & -8 & 0 \end{array}\right)$$

第 2 行を -1 倍し，第 3 行を $-\dfrac{1}{4}$ 倍する．

$$\begin{pmatrix} 1 & 0 & 0 \\ 0 & -1 & 0 \\ 0 & 0 & -\frac{1}{4} \end{pmatrix}\left(\begin{array}{cccc|c} 1 & 2 & 5 & 3 & 0 \\ 0 & -1 & -2 & -2 & 0 \\ 0 & -4 & -8 & -8 & 0 \end{array}\right)=\left(\begin{array}{cccc|c} 1 & 2 & 5 & 3 & 0 \\ 0 & 1 & 2 & 2 & 0 \\ 0 & 1 & 2 & 2 & 0 \end{array}\right)$$

第 2 行を -2 倍して第 1 行に加え，第 2 行を第 3 行から引く．

$$\begin{pmatrix} 1 & -2 & 0 \\ 0 & 1 & 0 \\ 0 & -1 & 1 \end{pmatrix}\left(\begin{array}{cccc|c} 1 & 2 & 5 & 3 & 0 \\ 0 & 1 & 2 & 2 & 0 \\ 0 & 1 & 2 & 2 & 0 \end{array}\right)=\left(\begin{array}{cccc|c} 1 & 0 & 1 & -1 & 0 \\ 0 & 1 & 2 & 2 & 0 \\ 0 & 0 & 0 & 0 & 0 \end{array}\right)$$

これから，$x+z-w=0$，$y+2z+2w=0$．z，w は任意で，

$$\begin{cases} x= \quad -z+w \\ y=-2z-2w \end{cases}$$

演習 3.5　次の連立 1 次方程式を拡大係数行列に基本行列を掛けることによって解け．

(1) $\begin{cases} x+3y+2z=0 \\ -x-\ \ y+4z=4 \\ 2x+5y+\ \ z=-2 \end{cases}$　(2) $\begin{cases} x+3y+2z=2 \\ -x-\ \ y+4z=4 \\ 2x+5y+\ \ z=-2 \end{cases}$

(3) $\begin{cases} x+\qquad 3z=2 \\ 2x+3y+4z=8 \\ x+3y+\ \ z=6 \end{cases}$　(4) $\begin{cases} -2x-\ \ y\qquad =1 \\ 2x+3y+4z=4 \\ 6x+7y+8z=5 \end{cases}$

(5) $\begin{cases} x+2y+5z+3w=-1 \\ 2x+3y+8z+4w=0 \\ 3x+2y+7z+\ \ w=1 \end{cases}$　(6) $\begin{cases} x+2y+5z+3w=-1 \\ 2x+3y+8z+4w=0 \\ 3x+2y+7z+\ \ w=5 \end{cases}$

階段行列

文字の数や式の数が多くなっても基本的な処理の仕方は同じである．最初の係数行列に基本行列を掛け，第 1 行から順に 0 でない最も左の成分の同じ列の下の成分を 0 にすることは可能である．このような基本変形を繰り返し行うとき，次のような行列に帰着する．

$$\begin{pmatrix} 1 & 2 & 3 \\ 0 & 1 & 2 \\ 0 & 0 & 1 \end{pmatrix}\quad \begin{pmatrix} 1 & 0 & -1 \\ 0 & 1 & -1 \\ 0 & 0 & 0 \end{pmatrix}\quad \begin{pmatrix} 1 & 2 & 5 & 3 \\ 0 & 2 & 4 & 4 \\ 0 & 0 & 0 & 1 \\ 0 & 0 & 0 & 0 \end{pmatrix}\quad \begin{pmatrix} 0 & 1 & 0 & 1 & 0 \\ 0 & 0 & 1 & 2 & 0 \\ 0 & 0 & 0 & 0 & 1 \\ 0 & 0 & 0 & 0 & 0 \end{pmatrix}$$

これらの行列の特徴は

- 第 2 行以下の各行の左側に 0 が並ぶ（第 1 行の先頭には 0 があってもなくてもよい）．
- 行が下に行くにしたがって，0 の個数が増える（全部が 0 でない限り，上

の行と同じ個数ではない．0 でない数の右側にある 0 は数えない)．

このような行列を**階段行列**という．ただし，一般の行列まで考えると，左側にすべての成分が 0 である列がいくつかあってもよい．

さらに後退消去も行えば，各行の 0 でない成分の先頭を 1 とし，その列の他の数を 0 にすることができる．この先頭の成分を**主成分**という．

例題 3.6 次の行列は階段行列かどうか答えよ．

(1) $\begin{pmatrix} 0 & 2 \\ 0 & 1 \end{pmatrix}$ (2) $\begin{pmatrix} 1 & 0 & 1 \\ 0 & 0 & 1 \end{pmatrix}$

(3) $\begin{pmatrix} 1 & 2 \\ 0 & 3 \\ 0 & 1 \end{pmatrix}$ (4) $\begin{pmatrix} 2 & 0 & 3 \\ 0 & 0 & 4 \\ 0 & 1 & 2 \end{pmatrix}$

(5) $\begin{pmatrix} 1 & 0 & 3 \\ 0 & 5 & 6 \\ 0 & 0 & 0 \end{pmatrix}$ (6) $\begin{pmatrix} 0 & 0 & 0 \\ 0 & 1 & 0 \\ 0 & 0 & 0 \end{pmatrix}$

(解) 左側に並んでいる 0 の個数を表にすると，

問題	(1)	(2)	(3)	(4)	(5)	(6)
第 1 行	1	0	0	0	0	3
第 2 行	1	2	1	2	1	1
第 3 行			1	1	3	3
	×	○	×	×	○	×

上の表から，0 の個数が単調に増加しているのは (2)，(5) だけ．(2)，(5) は階段行列だが，(1)，(3)，(4)，(6) は階段行列でない．

演習 3.6 次の行列に行基本変形をして，各行の 0 でない成分の先頭が 1 で，その列の他の数が 0 になるような階段行列にせよ．

(1) $\begin{pmatrix} 0 & 2 & 4 & 0 & 2 \\ 0 & 0 & 0 & 1 & 1 \\ 0 & 0 & 0 & 0 & 0 \end{pmatrix}$ (2) $\begin{pmatrix} 0 & 1 & 0 & 1 & 2 \\ 0 & 0 & 0 & 0 & 0 \\ 0 & 0 & 1 & 2 & 2 \end{pmatrix}$

(3) $\begin{pmatrix} 1 & 2 & 2 & 1 & 2 \\ 0 & 0 & 1 & 0 & 2 \\ 0 & 0 & 0 & 1 & 1 \end{pmatrix}$　(4) $\begin{pmatrix} 0 & 0 & 0 & 1 & 2 \\ 1 & 2 & 0 & 0 & 1 \\ 0 & 0 & 1 & 0 & 3 \end{pmatrix}$

ランク（階数）

行基本変形の結果（階段行列）において，すべてが0でない行の個数は連立方程式のうち独立な式の個数を表す．

行基本変形は係数行列や拡大係数行列だけでなく一般の行列にも適用できる．行基本変形によってできる階段行列において，行のうち零ベクトルにならない行の個数を**ランク**または**階数**とよぶ．行列Aのランクを$\mathrm{rank}A$と書く．

行列Aを行基本変形した行列をBとするとき，

$$\mathrm{rank}A = \mathrm{rank}B$$

である．つまり，行基本変形によってランクは変化しない．

例題 3.7　次の行列のランクを求めよ．

(1) $\begin{pmatrix} 1 & 2 \\ 3 & 4 \end{pmatrix}$　(2) $\begin{pmatrix} 1 & 2 \\ 3 & 4 \\ 5 & 6 \end{pmatrix}$　(3) $\begin{pmatrix} 1 & 2 & 3 \\ 4 & 5 & 6 \\ 7 & 8 & 9 \end{pmatrix}$

(解) (1) 行基本変形によって，$\begin{pmatrix} 1 & 2 \\ 3 & 4 \end{pmatrix} \xrightarrow{\text{III}} \begin{pmatrix} 1 & 2 \\ 0 & -2 \end{pmatrix}$ （階段行列）となるからランクは 2.

（第1行の$\times -3$を第2行へ）

(2) 行基本変形によって，$\begin{pmatrix} 1 & 2 \\ 3 & 4 \\ 5 & 6 \end{pmatrix} \xrightarrow{\text{III}} \begin{pmatrix} 1 & 2 \\ 0 & -2 \\ 0 & -4 \end{pmatrix} \xrightarrow{\text{III}} \begin{pmatrix} 1 & 2 \\ 0 & -2 \\ 0 & 0 \end{pmatrix}$ （階段行列）

（$\times -3$, $\times -5$；$\times -2$）

となるからランクは 2.

(3) 行基本変形によって，$\begin{pmatrix} 1 & 2 & 3 \\ 4 & 5 & 6 \\ 7 & 8 & 9 \end{pmatrix} \xrightarrow{\text{III}} \begin{pmatrix} 1 & 2 & 3 \\ 0 & -3 & -6 \\ 0 & -6 & -12 \end{pmatrix}$

（$\times -4$, $\times -7$；$\times -2$）

$$\xrightarrow{\text{III}} \begin{pmatrix} 1 & 2 & 3 \\ 0 & -3 & -6 \\ 0 & 0 & 0 \end{pmatrix} \text{（階段行列）}$$

となるからランクは2.

演習 3.7 次の行列のランクを求めよ.

(1) $\begin{pmatrix} 1 & 2 \\ 3 & 6 \end{pmatrix}$ (2) $\begin{pmatrix} 1 & 2 & 3 \\ 4 & 5 & 6 \end{pmatrix}$ (3) $\begin{pmatrix} 1 & 2 & 3 \\ 2 & 1 & 2 \\ 3 & 2 & 1 \end{pmatrix}$

解の存在とランク，任意定数の個数（自由度）

$m \times n$ 行列のランク r は $r \leqq \min(m,\ n)$. なぜならば，ランクは零ベクトルでない行の個数だから m を越えることはなく，行基本変形によりできる階段行列の左側の0の個数は単調に増加するから階段行列の行で零ベクトルにならない行の個数は n を越えることはない.

A は $m \times n$ 行列とする. 連立1次方程式 $A\boldsymbol{x} = \boldsymbol{b}$ の解の個数について考える. ここで，m は連立する式の個数を表し，n は未知数の個数を表す. A は係数行列で，$(A|\boldsymbol{b})$ は拡大係数行列である.

いま，行基本変形が行われ，$A \to B$ および $(A|\boldsymbol{b}) \to (B|\boldsymbol{p})$ に変形されているとしよう. ここで，B および $(B|\boldsymbol{p})$ は階段行列である.

$A\boldsymbol{x} = \boldsymbol{b} \Leftrightarrow B\boldsymbol{x} = \boldsymbol{p}$ であるから，$A\boldsymbol{x} = \boldsymbol{b}$ の解は $B\boldsymbol{x} = \boldsymbol{p}$ の解である.

$\mathrm{rank}A \leqq \mathrm{rank}(A|\boldsymbol{b})$ なら，階段行列 $(B|\boldsymbol{p})$ は

$$(B|\boldsymbol{p}) = \left(\begin{array}{cccc|c} b_{11} & b_{12} & \cdots & b_{1n} & p_1 \\ 0 & \vdots & \ddots & \vdots & \vdots \\ \vdots & 0 & \ddots & b_{kn} & p_k \\ & & \ddots & 0 & p_{k+1} \\ O & & \ddots & & 0 \end{array}\right)$$

のような形になる. このとき，$p_{k+1} \neq 0$ なら $\mathrm{rank}B < \mathrm{rank}(B|\boldsymbol{p})$ であり，$p_{k+1} = 0$ なら $\mathrm{rank}B = \mathrm{rank}(B|\boldsymbol{p})$. よって，$\mathrm{rank}A \leqq \mathrm{rank}(A|\boldsymbol{b})$.

$\mathrm{rank}A < \mathrm{rank}(A|\boldsymbol{b})$ なら $0 = p_{k+1}(\neq 0)$ となるので $A\boldsymbol{x} = \boldsymbol{b}$ は解なし.

$\mathrm{rank}A = \mathrm{rank}(A|\boldsymbol{b})$ ならとりあえず，$\mathrm{rank}A$ 個の方程式が存在する.
後退消去により，B の各行の0でない成分の先頭の成分を1とし，その成分を含む列のそれ以外の成分を0にすることができる.

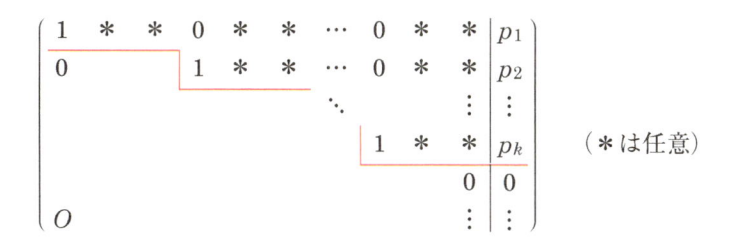

$$\left(\begin{array}{cccccccccc|c} 1 & * & * & 0 & * & * & \cdots & 0 & * & * & p_1 \\ 0 & & & 1 & * & * & \cdots & 0 & * & * & p_2 \\ & & & & & & \ddots & & & \vdots & \vdots \\ & & & & & & & 1 & * & * & p_k \\ & & & & & & & & & 0 & 0 \\ O & & & & & & & & & \vdots & \vdots \end{array}\right) \quad (\text{＊は任意})$$

したがって，各行の0でない成分の先頭の成分に対応するrank$A$個の文字（**例題3.5**の方程式のx, yに相当）は他の文字（**例題3.5**の方程式のz, wに相当）で表すことができる．このようにすれば，$A\boldsymbol{x}=\boldsymbol{b}$の解を表すことができる．

唯一の解が存在するのは$B=E$のときで，$B\boldsymbol{x}=\boldsymbol{p}$は$\boldsymbol{x}=\boldsymbol{p}$となり$n$個の式

$$\begin{cases} x_1 = p_1 \\ x_2 = p_2 \\ \cdots \\ x_n = p_n \end{cases}$$

の形になる．したがって，$\mathrm{rank}A=\mathrm{rank}B=n$.

また，$\mathrm{rank}A=\mathrm{rank}(A|\boldsymbol{b})=n$.

$\mathrm{rank}A=\mathrm{rank}(A|\boldsymbol{b})<n$のとき，rank$A$個の文字が残りの$n-\mathrm{rank}A$個の文字で表される．残りの文字は任意定数であるから，自由度$=n-\mathrm{rank}A$となる．

まとめると，n変数連立方程式$A\boldsymbol{x}=\boldsymbol{b}$について次がいえる．

(1)　$\mathrm{rank}A<\mathrm{rank}(A|\boldsymbol{b})$のとき，解なし．

(2)　$\mathrm{rank}A=\mathrm{rank}(A|\boldsymbol{b})$のとき，解存在．

(i)　$\mathrm{rank}A=\mathrm{rank}(A|\boldsymbol{b})=n$のとき唯一の解をもつ．

(ii)　$\mathrm{rank}A=\mathrm{rank}(A|\boldsymbol{b})<n$のとき無数の解が存在し，$n-\mathrm{rank}A$個の任意定数が存在する．

$n-\mathrm{rank}A$が方程式の解の自由度であり，自由度が0のとき唯一の解をもつ．同次連立1次方程式$A\boldsymbol{x}=\boldsymbol{0}$が自明な解だけをもつ条件は$\mathrm{rank}A=n$である．$\mathrm{rank}A<n$なら自明でない解をもつ．

例題 3.8　次の連立方程式を解き，一般解と解の自由度を求めよ．

$$\begin{cases} x+3y+2z+\ \ w=3 \\ 2x+2y+\ \ z+3w=-1 \\ 4x+8y+5z+5w=5 \\ 5x+7y+4z+7w=1 \end{cases}$$

（解）　拡大係数行列は $\left(\begin{array}{cccc|c} 1 & 3 & 2 & 1 & 3 \\ 2 & 2 & 1 & 3 & -1 \\ 4 & 8 & 5 & 5 & 5 \\ 5 & 7 & 4 & 7 & 1 \end{array}\right)$　これを行基本変形する．

$$\xrightarrow{\text{III}} \left(\begin{array}{cccc|c} 1 & 3 & 2 & 1 & 3 \\ 0 & -4 & -3 & 1 & -7 \\ 0 & -4 & -3 & 1 & -7 \\ 0 & -8 & -6 & 2 & -14 \end{array}\right) \xrightarrow{\text{III}} \left(\begin{array}{cccc|c} 1 & 7 & 5 & 0 & 10 \\ 0 & -4 & -3 & 1 & -7 \\ 0 & 0 & 0 & 0 & 0 \\ 0 & 0 & 0 & 0 & 0 \end{array}\right)$$

もとの形に戻すと，$\begin{cases} x+\ \ 7y+5z\ \ \ \ \ \ \ =10 \\ \ \ \ \ \ -4y-3z+w=-7 \\ 0=\ \ 0 \\ 0=\ \ 0 \end{cases}$

となる．$y=s$，$z=t$ とおけば，

$$\begin{cases} x=-7s-5t+10 \\ y=\ \ \ \ \ \ s \\ z=\ \ \ \ \ \ \ \ \ \ \ \ t \\ w=\ \ \ 4s+3t-7 \end{cases}$$　自由度は 2.

演習 3.8　次の連立方程式を解き，一般解と解の自由度を求めよ．

$$\begin{cases} x+2y+z=0 \\ 3x+4y+z=2 \\ 2x+\ \ y-z=3 \end{cases}$$

本書は「行」基本変形だけを扱ったが，「列」を何倍かしたり，列を交換したり，1 つの列を何倍かして他の列に加える列基本変形もある．この場合，基本行列（行基本行列の場合と同じもの）を右から掛けることになる．多くの問題を考える上で行基本変形だけで十分なので，特に取り上げなかった．

3.3 行基本変形による逆行列の求め方

ブロック分割

基本行列 M を拡大係数行列 $(A|\boldsymbol{b})$ に掛けると，$M(A|\boldsymbol{b}) = (MA|M\boldsymbol{b})$ となることをすでに見てきた．一般の行列計算において，例えば

$$\begin{pmatrix} 1 & 0 & 2 \\ 3 & 1 & 0 \\ 0 & 1 & 2 \end{pmatrix}\begin{pmatrix} 0 & 1 & 2 \\ 1 & 0 & 3 \\ 0 & 0 & 1 \end{pmatrix} = \begin{pmatrix} 0 & 1 & 4 \\ 1 & 3 & 9 \\ 1 & 0 & 5 \end{pmatrix}$$

という計算の右側の行列を列ごとに分割して，

$$\begin{pmatrix} 1 & 0 & 2 \\ 3 & 1 & 0 \\ 0 & 1 & 2 \end{pmatrix}\begin{pmatrix} 0 \\ 1 \\ 0 \end{pmatrix} = \begin{pmatrix} 0 \\ 1 \\ 1 \end{pmatrix}, \quad \begin{pmatrix} 1 & 0 & 2 \\ 3 & 1 & 0 \\ 0 & 1 & 2 \end{pmatrix}\begin{pmatrix} 1 \\ 0 \\ 0 \end{pmatrix} = \begin{pmatrix} 1 \\ 3 \\ 0 \end{pmatrix},$$

$$\begin{pmatrix} 1 & 0 & 2 \\ 3 & 1 & 0 \\ 0 & 1 & 2 \end{pmatrix}\begin{pmatrix} 2 \\ 3 \\ 1 \end{pmatrix} = \begin{pmatrix} 4 \\ 9 \\ 5 \end{pmatrix}$$

のようにすることもできる．また，左側の行列を行ごとに分割して，

$$(1 \quad 0 \quad 2)\begin{pmatrix} 0 & 1 & 2 \\ 1 & 0 & 3 \\ 0 & 0 & 1 \end{pmatrix} = (0 \quad 1 \quad 4)$$

$$(3 \quad 1 \quad 0)\begin{pmatrix} 0 & 1 & 2 \\ 1 & 0 & 3 \\ 0 & 0 & 1 \end{pmatrix} = (1 \quad 3 \quad 9)$$

$$(0 \quad 1 \quad 2)\begin{pmatrix} 0 & 1 & 2 \\ 1 & 0 & 3 \\ 0 & 0 & 1 \end{pmatrix} = (1 \quad 0 \quad 5)$$

のようすることができる．

さらに，

$$\left(\begin{array}{c|cc} 1 & 0 & 2 \\ 3 & 1 & 0 \\ \hline 0 & 1 & 2 \end{array}\right)\left(\begin{array}{cc|c} 0 & 1 & 2 \\ \hline 1 & 0 & 3 \\ 0 & 0 & 1 \end{array}\right) = \left(\begin{array}{cc|c} 0 & 1 & 4 \\ 1 & 3 & 9 \\ \hline 1 & 0 & 5 \end{array}\right)$$

のように分割し

$$A_{11}=\begin{pmatrix}1\\3\end{pmatrix},\ A_{12}=\begin{pmatrix}0&2\\1&0\end{pmatrix},\ A_{21}=(\,0\,),\ A_{22}=(\,1\quad 2\,),$$

$$B_{11}=(\,0\quad 1\,),\ B_{12}=(\,2\,),\ B_{21}=\begin{pmatrix}1&0\\0&0\end{pmatrix},\ B_{22}=\begin{pmatrix}3\\1\end{pmatrix}$$

のようにおくと，例えば

$$A_{11}B_{11}+A_{12}B_{21}=\begin{pmatrix}1\\3\end{pmatrix}(\,0\quad 1\,)+\begin{pmatrix}0&2\\1&0\end{pmatrix}\begin{pmatrix}1&0\\0&0\end{pmatrix}=\begin{pmatrix}0&1\\1&3\end{pmatrix}$$

などとなり，

$$\begin{pmatrix}A_{11}&A_{12}\\A_{21}&A_{22}\end{pmatrix}\begin{pmatrix}B_{11}&B_{12}\\B_{21}&B_{22}\end{pmatrix}=\begin{pmatrix}A_{11}B_{11}+A_{12}B_{21}&A_{11}B_{12}+A_{12}B_{22}\\A_{21}B_{11}+A_{22}B_{21}&A_{21}B_{12}+A_{22}B_{22}\end{pmatrix}$$

という関係が成り立っていることがわかる．

ただし，左側の行列の列分割と右側の行列の行分割は対応していなければならない．

例題 3.9 $A=\begin{pmatrix}1&2\\0&1\end{pmatrix}$，$B=\begin{pmatrix}1&1\\0&1\end{pmatrix}$，$C=\begin{pmatrix}1&2\\3&4\end{pmatrix}$，$D=\begin{pmatrix}1&-1\\0&1\end{pmatrix}$

とし，E を 2 次の単位行列，O を 2 次の零行列とするとき，4 次の行列　$M=\begin{pmatrix}A&B\\O&C\end{pmatrix}$，$N=\begin{pmatrix}E&D\\O&E\end{pmatrix}$の積 MN を求めよ．

(解) $MN=\begin{pmatrix}A&B\\O&C\end{pmatrix}\begin{pmatrix}E&D\\O&E\end{pmatrix}=\begin{pmatrix}A&AD+B\\O&C\end{pmatrix}$

$$AD=\begin{pmatrix}1&2\\0&1\end{pmatrix}\begin{pmatrix}1&-1\\0&1\end{pmatrix}=\begin{pmatrix}1&1\\0&1\end{pmatrix}\quad AD+B=\begin{pmatrix}2&2\\0&2\end{pmatrix}$$

から，

$$MN=\left(\begin{array}{cc|cc}1&2&2&2\\0&1&0&2\\\hline 0&0&1&2\\0&0&3&4\end{array}\right)$$

演習 3.9 $A=\begin{pmatrix}0&1\\1&0\end{pmatrix}$, $B=\begin{pmatrix}1&1\\0&1\end{pmatrix}$, $C=\begin{pmatrix}1&0\\0&-1\end{pmatrix}$, $D=\begin{pmatrix}1&-1\\0&1\end{pmatrix}$

とし，E を 2 次の単位行列，O を 2 次の零行列とするとき，4 次の行列

$M=\begin{pmatrix}A&B\\O&E\end{pmatrix}$, $N=\begin{pmatrix}C&O\\D&E\end{pmatrix}$ の積 MN を求めよ．

行基本変形による逆行列の求め方

行列 A の逆行列 A^{-1} は $AX=XA=E$（単位行列）となる行列 X であることは 2.1 節 (p.38) で示した．そこでは具体的な逆行列は 2×2 行列に限って示してきた．ここで，逆行列の一般的な求め方を示す．

例えば $A=\begin{pmatrix}1&4&4\\1&3&2\\3&7&1\end{pmatrix}$ の逆行列 $X=\begin{pmatrix}r&s&t\\u&v&w\\x&y&z\end{pmatrix}$ を求めるには

$$\begin{pmatrix}1&4&4\\1&3&2\\3&7&1\end{pmatrix}\begin{pmatrix}r&s&t\\u&v&w\\x&y&z\end{pmatrix}=\begin{pmatrix}1&0&0\\0&1&0\\0&0&1\end{pmatrix}$$

を解くことになる．拡大係数行列を

$$\left(\begin{array}{ccc|ccc}1&4&4&1&0&0\\1&3&2&0&1&0\\3&7&1&0&0&1\end{array}\right)$$

として行基本変形をしていけばよい．

$$\left(\begin{array}{ccc|ccc}1&4&4&1&0&0\\1&3&2&0&1&0\\3&7&1&0&0&1\end{array}\right)\xrightarrow[\text{3行}-3\times\text{1行}]{\text{2行}-\text{1行}}$$

$$\left(\begin{array}{ccc|ccc}1&4&4&1&0&0\\0&-1&-2&-1&1&0\\0&-5&-11&-3&0&1\end{array}\right)\xrightarrow[\text{3行}-5\times\text{2行}]{\text{1行}+4\times\text{2行}}$$

$$\left(\begin{array}{ccc|ccc}1&0&-4&-3&4&0\\0&-1&-2&-1&1&0\\0&0&-1&2&-5&1\end{array}\right)\xrightarrow[-1\times\text{3行}]{-1\times\text{2行}}$$

$$\begin{pmatrix} 1 & 0 & -4 & -3 & 4 & 0 \\ 0 & 1 & 2 & 1 & -1 & 0 \\ 0 & 0 & 1 & -2 & 5 & -1 \end{pmatrix} \xrightarrow[\text{2行}-2\times\text{3行}]{\text{1行}+4\times\text{3行}}$$

$$\begin{pmatrix} 1 & 0 & 0 & -11 & 24 & -4 \\ 0 & 1 & 0 & 5 & -11 & 2 \\ 0 & 0 & 1 & -2 & 5 & -1 \end{pmatrix}$$

行基本変形は左から順次基本行列を掛けていくことに他ならないから基本行列の積を M とすれば $M(A|E)=(MA|M)$ だが，$MA=E$ なら，$M(A|E)=(E|M)$ となる．この M は A^{-1} に他ならない．つまり，行基本変形により係数行列が E になったとき，「|」より右側の部分が逆行列なのである．

$$\begin{pmatrix} 1 & 4 & 4 \\ 1 & 3 & 2 \\ 3 & 7 & 1 \end{pmatrix}^{-1} = \begin{pmatrix} -11 & 24 & -4 \\ 5 & -11 & 2 \\ -2 & 5 & -1 \end{pmatrix}$$

ただし，n 次行列 A について，$\mathrm{rank}A < n$ のときは，逆行列は存在しない．なぜなら行基本変形によってランクは変化しないので，A を $E(\mathrm{rank}E=n)$ に変形することができないからである．

一般に n 次行列 A が正則（逆行列をもつ）なら

$$\mathrm{rank}A = n$$

例題 3.10 次の行列の逆行列を求めよ．

(1) $\begin{pmatrix} 2 & 1 \\ 3 & 2 \end{pmatrix}$ (2) $\begin{pmatrix} 1 & 1 & 0 \\ 1 & 1 & 1 \\ 0 & 1 & 1 \end{pmatrix}$

(解) 行基本変形は略記する．

(1) $\begin{pmatrix} 2 & 1 & 1 & 0 \\ 3 & 2 & 0 & 1 \end{pmatrix}$ を行基本変形する．

$$\xrightarrow{\text{III}} \begin{pmatrix} -1 & -1 & 1 & -1 \\ 3 & 2 & 0 & 1 \end{pmatrix} \xrightarrow{\text{I}} \begin{pmatrix} 1 & 1 & -1 & 1 \\ 3 & 2 & 0 & 1 \end{pmatrix} \xrightarrow{\text{III}} \begin{pmatrix} 1 & 1 & -1 & 1 \\ 0 & -1 & 3 & -2 \end{pmatrix}$$

$$\xrightarrow{\text{I}}\left(\begin{array}{cc|cc} 1 & 1 & -1 & 1 \\ 0 & 1 & -3 & 2 \end{array}\right)\xrightarrow{\text{III}}\left(\begin{array}{cc|cc} 1 & 0 & 2 & -1 \\ 0 & 1 & -3 & 2 \end{array}\right)$$

よって，

$$\begin{pmatrix} 2 & 1 \\ 3 & 2 \end{pmatrix}^{-1}=\underline{\begin{pmatrix} 2 & -1 \\ -3 & 2 \end{pmatrix}}$$

(2) $\left(\begin{array}{ccc|ccc} 1 & 1 & 0 & 1 & 0 & 0 \\ 1 & 1 & 1 & 0 & 1 & 0 \\ 0 & 1 & 1 & 0 & 0 & 1 \end{array}\right)$ を行基本変形する．

$$\xrightarrow{\text{III}}\left(\begin{array}{ccc|ccc} 1 & 1 & 0 & 1 & 0 & 0 \\ 0 & 0 & 1 & -1 & 1 & 0 \\ 0 & 1 & 1 & 0 & 0 & 1 \end{array}\right)\xrightarrow{\text{II}}\left(\begin{array}{ccc|ccc} 1 & 1 & 0 & 1 & 0 & 0 \\ 0 & 1 & 1 & 0 & 0 & 1 \\ 0 & 0 & 1 & -1 & 1 & 0 \end{array}\right)$$

$$\xrightarrow{\text{III}}\left(\begin{array}{ccc|ccc} 1 & 0 & -1 & 1 & 0 & -1 \\ 0 & 1 & 1 & 0 & 0 & 1 \\ 0 & 0 & 1 & -1 & 1 & 0 \end{array}\right)\xrightarrow{\text{III}}\left(\begin{array}{ccc|ccc} 1 & 0 & 0 & 0 & 1 & -1 \\ 0 & 1 & 0 & 1 & -1 & 1 \\ 0 & 0 & 1 & -1 & 1 & 0 \end{array}\right)$$

よって，

$$\begin{pmatrix} 1 & 1 & 0 \\ 1 & 1 & 1 \\ 0 & 1 & 1 \end{pmatrix}^{-1}=\underline{\begin{pmatrix} 0 & 1 & -1 \\ 1 & -1 & 1 \\ -1 & 1 & 0 \end{pmatrix}}$$

こうすれば逆行列を
求められるのじゃ

演習 3.10　次の行列の逆行列を求めよ．

(1) $\begin{pmatrix} 1 & 2 \\ 0 & 1 \end{pmatrix}$　(2) $\begin{pmatrix} 1 & 2 \\ 3 & 4 \end{pmatrix}$　(3) $\begin{pmatrix} 1 & 2 & 3 \\ 0 & 1 & 4 \\ 0 & 0 & 1 \end{pmatrix}$

(4) $\begin{pmatrix} 1 & 2 & 1 \\ 2 & 1 & 1 \\ 1 & 1 & 2 \end{pmatrix}$　(5) $\begin{pmatrix} 1 & 2 & 3 \\ 5 & 9 & 8 \\ 4 & 7 & 6 \end{pmatrix}$

正則行列は基本行列の積で表される

3.3 節（p.77）では正則行列 A に行基本変形を繰り返すと単位行列 E になることを使って A^{-1} が求められることを示してきた．**3.1** 節（p.61）で行基本変形は基本行列を左から掛けることを意味し，**3.1** 節（p.59）で基本行列は逆行列をもつことも示した．

これらのことから，A に掛ける基本行列を M_1，M_2，M_3，…，M_l とする

と,

$$M_l \cdots M_3 M_2 M_1 A = E$$

となる．したがって,

$$A^{-1} = M_l \cdots M_3 M_2 M_1$$

また,（2.2）式から

$$A = M_1^{-1} M_2^{-1} M_3^{-1} \cdots M_l^{-1}$$

基本行列の逆行列も基本行列であるから，任意の正則行列は基本行列の積で表せる．（証明終）

例題 3.11 $\begin{pmatrix} 1 & -1 \\ 1 & 1 \end{pmatrix}$を基本行列の積の形で表せ.

(解) $\begin{pmatrix} 1 & -1 \\ 1 & 1 \end{pmatrix}$に基本行列を掛けて変形する.

$$\begin{pmatrix} 1 & 0 \\ -1 & 1 \end{pmatrix}\begin{pmatrix} 1 & -1 \\ 1 & 1 \end{pmatrix} = \begin{pmatrix} 1 & -1 \\ 0 & 2 \end{pmatrix}$$

$$\begin{pmatrix} 1 & 0 \\ 0 & \frac{1}{2} \end{pmatrix}\begin{pmatrix} 1 & -1 \\ 0 & 2 \end{pmatrix} = \begin{pmatrix} 1 & -1 \\ 0 & 1 \end{pmatrix}$$

$$\begin{pmatrix} 1 & 1 \\ 0 & 1 \end{pmatrix}\begin{pmatrix} 1 & -1 \\ 0 & 1 \end{pmatrix} = \begin{pmatrix} 1 & 0 \\ 0 & 1 \end{pmatrix}$$

よって,

$$\begin{pmatrix} 1 & 0 \\ 0 & 1 \end{pmatrix} = \begin{pmatrix} 1 & 1 \\ 0 & 1 \end{pmatrix}\begin{pmatrix} 1 & 0 \\ 0 & \frac{1}{2} \end{pmatrix}\begin{pmatrix} 1 & 0 \\ -1 & 1 \end{pmatrix}\begin{pmatrix} 1 & -1 \\ 1 & 1 \end{pmatrix}$$

したがって,

$$\begin{pmatrix} 1 & -1 \\ 1 & 1 \end{pmatrix} = \begin{pmatrix} 1 & 0 \\ -1 & 1 \end{pmatrix}^{-1}\begin{pmatrix} 1 & 0 \\ 0 & \frac{1}{2} \end{pmatrix}^{-1}\begin{pmatrix} 1 & 1 \\ 0 & 1 \end{pmatrix}^{-1}$$

$$= \underline{\begin{pmatrix} 1 & 0 \\ 1 & 1 \end{pmatrix}\begin{pmatrix} 1 & 0 \\ 0 & 2 \end{pmatrix}\begin{pmatrix} 1 & -1 \\ 0 & 1 \end{pmatrix}}$$

（注） 基本行列による表し方は 1 通りとは限らない.

演習 3.11 $\begin{pmatrix} 1 & 1 & 1 \\ 0 & 1 & 1 \\ 0 & 0 & 1 \end{pmatrix}$を基本行列の積の形で表せ.

正則でない正方行列の場合

正則でない正方行列は，いくつかの基本行列と正則でない階段行列の積で表される.

正則でない行列 A に行基本変形を繰り返すと，正則でない階段行列 R になる．この場合，A に掛ける基本行列を M_1，M_2，M_3，…，M_l とすると，

$$M_l \cdots M_3 M_2 M_1 A = R$$

となる．したがって

$$A = M_1^{-1} M_2^{-1} M_3^{-1} \cdots M_l^{-1} R$$

基本行列の逆行列も基本行列であるから，任意の正則でない行列は基本行列の積に正則でない階段行列を掛けたもので表せる．(証明終)

例題 3.12 非正則行列$\begin{pmatrix} 1 & 2 \\ 3 & 6 \end{pmatrix}$を基本行列と階段行列の積の形で表せ.

(解) $\begin{pmatrix} 1 & 2 \\ 3 & 6 \end{pmatrix}$に基本行列を掛けて変形する.

$$\begin{pmatrix} 1 & 0 \\ -3 & 1 \end{pmatrix}\begin{pmatrix} 1 & 2 \\ 3 & 6 \end{pmatrix} = \begin{pmatrix} 1 & 2 \\ 0 & 0 \end{pmatrix}$$

よって,

$$\begin{pmatrix} 1 & 2 \\ 3 & 6 \end{pmatrix} = \begin{pmatrix} 1 & 0 \\ -3 & 1 \end{pmatrix}^{-1}\begin{pmatrix} 1 & 2 \\ 0 & 0 \end{pmatrix} = \underline{\begin{pmatrix} 1 & 0 \\ 3 & 1 \end{pmatrix}\begin{pmatrix} 1 & 2 \\ 0 & 0 \end{pmatrix}}$$

演習 3.12 非正則行列$\begin{pmatrix} 1 & 2 & 3 \\ 4 & 5 & 6 \\ 7 & 8 & 9 \end{pmatrix}$を基本行列と階段行列の積の形で表せ.

章末問題

3.1 未知数が n 個の m 式からなる連立1次方程式において，$n<m$ とする．このとき，行基本変形によって，係数行列は第 $n+1$ 行以下の成分がすべて0になるようにすることができることを説明せよ．

3.2 (1) 次の連立方程式が自明でない解をもつには a の値をいくらにすればよいか．

$$\begin{cases} x+2y+5z=0 \\ 2x+ay+4z=0 \\ 3x+2y+7z=0 \end{cases}$$

(2) 次の連立方程式の解が存在するには a の値をいくらにすればよいか．またそのときの解の自由度を求めよ．

$$\begin{cases} x+2y+3z-4w=2 \\ 3x+y+2z-w=5 \\ x+3y+z+4w=9 \\ 2x-y+3z-9w=a \end{cases}$$

3.3 行列 $A=\begin{pmatrix} 2 & 1 & 1 \\ -1 & -1 & -1 \\ 3 & 2 & 1 \end{pmatrix}$ の逆行列 A^{-1} を行基本変形によって求めよ．

また，求めた A^{-1} について，$A^{-1}A$，AA^{-1} が単位行列になることを確かめよ．

3.4 連立1次方程式 $\begin{cases} x-y+2z=5 \\ 2x+2y+z=3 \\ 2x+y+2z=5 \end{cases}$ について，

(1) 係数行列の逆行列を求めよ．

(2) (1) を利用してこの連立方程式の解を求めよ．

3.5 次の等式をみたす行列 X を求めよ．

$$\begin{pmatrix} 1 & 2 & 1 \\ 1 & 1 & 2 \\ 2 & 1 & 3 \end{pmatrix} X = \begin{pmatrix} 5 & 5 & 2 \\ 3 & 6 & 3 \\ 4 & 9 & 5 \end{pmatrix}$$

第4章
行列式

4.1　行列式の定義

行列式の表し方

正方行列 A に対して**行列式**をこれから定める．まず，

$$\text{行列 } A=\begin{pmatrix} a_{11} & a_{12} & \cdots & a_{1n} \\ a_{21} & a_{22} & \cdots & a_{2n} \\ \vdots & \vdots & \ddots & \vdots \\ a_{n1} & a_{n2} & \cdots & a_{nn} \end{pmatrix}$$

の行列式を

$$\det A=|A|=\begin{vmatrix} a_{11} & a_{12} & \cdots & a_{1n} \\ a_{21} & a_{22} & \cdots & a_{2n} \\ \vdots & \vdots & \ddots & \vdots \\ a_{n1} & a_{n2} & \cdots & a_{nn} \end{vmatrix}$$

のように表す．$|A|$ は絶対値記号と同じだが負の値もとりうる．誤解のないように．A が行列を表しているときは $|A|$ は行列式である．

1次の行列式

$$A=(a) \text{ に対して，} \det A=a$$

これは，あとで一般の行列式を定義するために必要（1次の行列式だけは $|a|$ と書かないことにする．絶対値と区別が付かなくなるため）．

2次の行列式

$$A=\begin{pmatrix} a & b \\ c & d \end{pmatrix} \text{ に対して，} |A|=ad-bc \tag{4.1}$$

3次の行列式

$A = \begin{pmatrix} a_1 & a_2 & a_3 \\ b_1 & b_2 & b_3 \\ c_1 & c_2 & c_3 \end{pmatrix}$ に対して,

$$|A| = \begin{vmatrix} a_1 & a_2 & a_3 \\ b_1 & b_2 & b_3 \\ c_1 & c_2 & c_3 \end{vmatrix} = a_1 \begin{vmatrix} b_2 & b_3 \\ c_2 & c_3 \end{vmatrix} - a_2 \begin{vmatrix} b_1 & b_3 \\ c_1 & c_3 \end{vmatrix} + a_3 \begin{vmatrix} b_1 & b_2 \\ c_1 & c_2 \end{vmatrix}$$

$$= a_1(b_2 c_3 - b_3 c_2) - a_2(b_1 c_3 - b_3 c_1) + a_3(b_1 c_2 - b_2 c_1)$$

$$= a_1 b_2 c_3 + a_2 b_3 c_1 + a_3 b_1 c_2 - a_1 b_3 c_2 - a_2 b_1 c_3 - a_3 b_2 c_1 \qquad (4.2)$$

【解説】

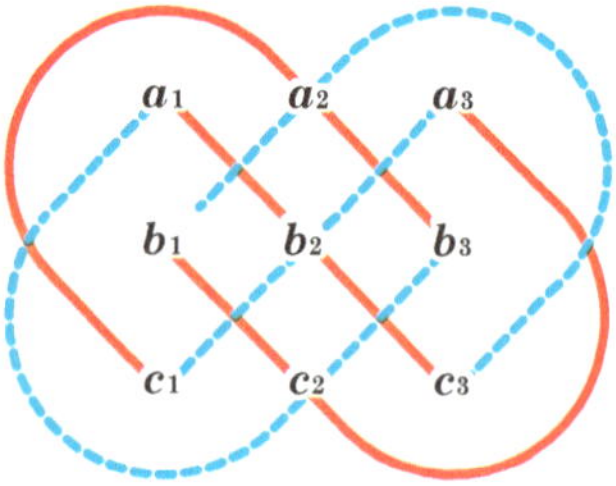

3次の行列式は一見すると複雑そうに見えるが,いくつかの特徴を見て取れる.

(i) 各項は各行,各列から1個ずつ取り出した積である.したがって,項の個数は $3! = 6$ 個からなっている.

(ii) 各項には + または − を掛ける.図で左上から右斜め下に向かうように掛けるとき(実線の場合)はその積に + を,左下から右斜め上に向かうように掛けるとき(破線の場合)はその積に − を掛ける.最下段(最上段)まで来たら,次の列の最上段(最下段)に,移動する.

このように加えれば3次の行列式を求めることができる.この方法を**サラスの方法**という.

残念なことにこの方法は4次以上の行列式にはそのまま使うことができないのじゃ

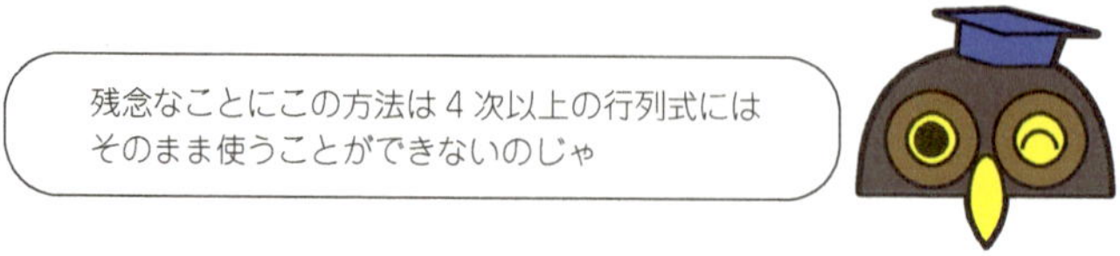

例題 4.1 次の行列式の値を（4.1），（4.2）式を使って求めよ．

（1）$\begin{vmatrix} 3 & 4 \\ 5 & 6 \end{vmatrix}$　　（2）$\begin{vmatrix} 3 & 2 & 1 \\ 2 & 3 & 2 \\ 1 & 2 & 3 \end{vmatrix}$

（解）（1）$\begin{vmatrix} 3 & 4 \\ 5 & 6 \end{vmatrix} = 3\times 6 - 4\times 5 = \underline{-2}$

（2）$\begin{vmatrix} 3 & 2 & 1 \\ 2 & 3 & 2 \\ 1 & 2 & 3 \end{vmatrix} = 3\times 3\times 3 + 2\times 2\times 1 + 1\times 2\times 2 - 3\times 2\times 2 - 2\times 2\times 3 - 1\times 3\times 1$

$= \underline{8}$

演習 4.1 次の行列式の値を（4.1），（4.2）式を使って求めよ．

（1）$\begin{vmatrix} \cos\theta & -\sin\theta \\ \sin\theta & \cos\theta \end{vmatrix}$　　（2）$\begin{vmatrix} \cos\theta & \sin\theta \\ \sin\theta & -\cos\theta \end{vmatrix}$

（3）$\begin{vmatrix} 1 & 2 & 1 \\ 2 & 1 & 2 \\ 1 & 2 & 1 \end{vmatrix}$　　（4）$\begin{vmatrix} 2 & 1 & 1 \\ 1 & 2 & 1 \\ 1 & 1 & 2 \end{vmatrix}$

（5）$\begin{vmatrix} 1 & 2 & 3 \\ 3 & 1 & 2 \\ 2 & 3 & 1 \end{vmatrix}$　　（6）$\begin{vmatrix} -4 & 2 & 3 \\ 0 & 1 & -1 \\ 3 & -7 & 2 \end{vmatrix}$

（7）$\begin{vmatrix} 1 & 2 & 3 \\ 2 & 1 & 7 \\ 1 & 7 & -1 \end{vmatrix}$　　（8）$\begin{vmatrix} a & b & c \\ c & a & b \\ b & c & a \end{vmatrix}$

小行列式，余因子

$$|A| = \begin{vmatrix} a_{11} & a_{12} & a_{13} & a_{14} \\ a_{21} & a_{22} & a_{23} & a_{24} \\ a_{31} & a_{32} & a_{33} & a_{34} \\ a_{41} & a_{42} & a_{43} & a_{44} \end{vmatrix} \qquad D_{32} = \begin{vmatrix} a_{11} & a_{13} & a_{14} \\ a_{21} & a_{23} & a_{24} \\ a_{41} & a_{43} & a_{44} \end{vmatrix}$$

4 次正方行列 A のうち，第 3 行と第 2 列を取り除いた行列は 3 次正方行列であるから行列式をもつ．それを，例えば D_{32} とする．このように 1 つの正方行列から，いくつかの行と，同じ個数の列を取り除いてできる正方行列の行列式を**小行列式**という．特に第 i 行と，第 j 列を取り除いてできる正方行列の行列式を **(i, j) 小行列式**という．また，(i, j) 小行列式 D_{ij} に $(-1)^{i+j}$ を掛けたものを A の **(i, j) 余因子**といい，$\tilde{a}_{ij}$ と表す．つまり，

$$\tilde{a}_{ij} = (-1)^{i+j} D_{ij}$$

例題 4.2 (1) 行列 $\begin{pmatrix} a & b \\ c & d \end{pmatrix}$ の (1, 2) 余因子，(2, 2) 余因子を求めよ．

(2) 行列 $\begin{pmatrix} a & b & c \\ d & e & f \\ g & h & i \end{pmatrix}$ の (1, 2) 余因子，(2, 2) 余因子，(3, 1) 余因子を求めよ．

(解) (1) 行列 $\begin{pmatrix} a & b \\ c & d \end{pmatrix}$ の (1, 2) 余因子は $-c$，(2, 2) 余因子は a．

(2) 行列 $\begin{pmatrix} a & b & c \\ d & e & f \\ g & h & i \end{pmatrix}$ の (1, 2) 余因子は $-\begin{vmatrix} d & f \\ g & i \end{vmatrix} = -di+fg$．

(2, 2) 余因子は $\begin{vmatrix} a & c \\ g & i \end{vmatrix} = ai-cg$．(3, 1) 余因子は $\begin{vmatrix} b & c \\ e & f \end{vmatrix} = bf-ce$．

演習 4.2 行列 $\begin{pmatrix} 1 & 2 & 3 & 4 \\ 0 & 1 & 2 & 3 \\ 0 & 0 & 1 & 2 \\ 0 & 0 & 0 & 1 \end{pmatrix}$ の (1, 4) 小行列式，(1, 4) 余因子，(2, 2) 小行列式，(2, 2) 余因子，(3, 2) 小行列式，(3, 2) 余因子を求めよ．

行列式の帰納的定義

n 次の行列式は $n-1$ 次の小行列式によって，次のように定義される．

$$|\boldsymbol{A}| = a_{11}D_{11} - a_{12}D_{12} + a_{13}D_{13} - + \cdots = \sum_{j=1}^{n} (-1)^{1+j} a_{1j} D_{1j}$$
$$= a_{11}\tilde{a}_{11} + a_{12}\tilde{a}_{12} + a_{13}\tilde{a}_{13} + \cdots + a_{1n}\tilde{a}_{1n}$$

$n-1$ 次までの行列式が定義されていれば，余因子 $\tilde{a}_{1j}$ は $n-1$ 次の行列式で定義される．

ここでは第 1 行の成分，a_{11}，a_{12}，a_{13}，…，a_{1n} を使って表されるので，これを $|A|$ の**第 1 行展開**という．

同様に，第 i 行展開 $(i=1,\ 2,\ \cdots,\ n)$

$$|A|=a_{i1}\tilde{a}_{i1}+a_{i2}\tilde{a}_{i2}+a_{i3}\tilde{a}_{i3}+\cdots+a_{in}\tilde{a}_{in}$$

第 j 列展開 $(j=1,\ 2,\ \cdots,\ n)$

$$|A|=a_{1j}\tilde{a}_{1j}+a_{2j}\tilde{a}_{2j}+a_{3j}\tilde{a}_{3j}+\cdots+a_{nj}\tilde{a}_{nj}$$

も成り立つ．

これらがすべて等しい値になることは次の「行列式の交代性」と「転置行列の行列式がもとの行列式に等しい」ことからいえるが，実用的には同時に定義したと考えてさしつかえない．

なお，行列式は多くの教科書では別の方法で定義されている．〈巻末付録〉にそれを示しておく．

例題 4.3 次の行列式を第 1 行展開とサラスの方法を用いて求めよ．

$$\begin{vmatrix} 1 & 1 & 2 & 2 \\ 2 & 3 & 2 & 1 \\ 1 & 0 & 2 & 2 \\ 0 & 4 & 3 & 3 \end{vmatrix}$$

(解)
$$\begin{vmatrix} 1 & 1 & 2 & 2 \\ 2 & 3 & 2 & 1 \\ 1 & 0 & 2 & 2 \\ 0 & 4 & 3 & 3 \end{vmatrix}$$

$$=\begin{vmatrix} 3 & 2 & 1 \\ 0 & 2 & 2 \\ 4 & 3 & 3 \end{vmatrix}-\begin{vmatrix} 2 & 2 & 1 \\ 1 & 2 & 2 \\ 0 & 3 & 3 \end{vmatrix}+2\begin{vmatrix} 2 & 3 & 1 \\ 1 & 0 & 2 \\ 0 & 4 & 3 \end{vmatrix}-2\begin{vmatrix} 2 & 3 & 2 \\ 1 & 0 & 2 \\ 0 & 4 & 3 \end{vmatrix}$$

$$=(3\times2\times3+2\times2\times4+1\times0\times3-3\times2\times3-2\times0\times3-1\times2\times4)$$
$$-(2\times2\times3+2\times2\times0+1\times1\times3-2\times2\times3-2\times1\times3-1\times2\times0)$$

$$+2(2\times0\times3+3\times2\times0+1\times1\times4-2\times2\times4-3\times1\times3-1\times0\times0)$$
$$-2(2\times0\times3+3\times2\times0+2\times1\times4-2\times2\times4-3\times1\times3-2\times0\times0)$$
$$=\underline{3}$$

演習 4.3 次の行列式を第 1 行展開とサラスの方法を用いて求めよ.

$$\begin{vmatrix} 0 & 1 & 1 & 2 \\ 1 & 0 & 1 & 1 \\ 1 & 1 & 0 & 1 \\ 2 & 1 & 1 & 0 \end{vmatrix}$$

例題 4.4 次の行列式を第 1 行展開を繰り返して求めよ.

$$\begin{vmatrix} 1 & 0 & 0 & 0 & 0 \\ 2 & 2 & 0 & 0 & 0 \\ 3 & 3 & 3 & 0 & 0 \\ 4 & 4 & 4 & 4 & 0 \\ 5 & 5 & 5 & 5 & 5 \end{vmatrix}$$

(解) 第 1 行の成分のうち 0 でないのは (1, 1) 成分だけだから, 第 1 行展開は (1, 1) 成分についてのみ. 以下同様に展開される.

$$\begin{vmatrix} 1 & 0 & 0 & 0 & 0 \\ 2 & 2 & 0 & 0 & 0 \\ 3 & 3 & 3 & 0 & 0 \\ 4 & 4 & 4 & 4 & 0 \\ 5 & 5 & 5 & 5 & 5 \end{vmatrix} = 1\times\begin{vmatrix} 2 & 0 & 0 & 0 \\ 3 & 3 & 0 & 0 \\ 4 & 4 & 4 & 0 \\ 5 & 5 & 5 & 5 \end{vmatrix} = 1\times2\times\begin{vmatrix} 3 & 0 & 0 \\ 4 & 4 & 0 \\ 5 & 5 & 5 \end{vmatrix}$$

$$=1\times2\times3\times\begin{vmatrix} 4 & 0 \\ 5 & 5 \end{vmatrix} = 1\times2\times3\times4\times5=\underline{120}$$

(注) 三角行列の行列式は対角成分の積になる.

演習 4.4 次の行列式を第 1 行展開を何度か繰り返して求めよ.

$$\begin{vmatrix} 0 & 1 & 0 & 0 & 0 \\ 1 & 0 & 1 & 0 & 0 \\ 0 & 1 & 0 & 1 & 0 \\ 0 & 0 & 1 & 0 & 1 \\ 0 & 0 & 0 & 1 & 0 \end{vmatrix}$$

行列式と面積体積

平行四辺形の面積は 2 次の行列式の絶対値

座標平面上の平行四辺形 OABC において，$\overrightarrow{\mathrm{OA}}=\begin{pmatrix} a \\ b \end{pmatrix}$，$\overrightarrow{\mathrm{OC}}=\begin{pmatrix} c \\ d \end{pmatrix}$とするとき，その面積が $|ad-bc|$ であることはすでに示した（(1.4) 式）．

これが行列 $A=\begin{pmatrix} a & b \\ c & d \end{pmatrix}$の行列式の絶対値であることはすぐに気が付くであろう．つまり，行列式は平行四辺形の面積を表している．

ここで，$\det A=ad-bc$ の符号についても考えてみよう（以下しばらくは絶対値との混同をさけるため行列式を記号 det で表現する）．

$$\overrightarrow{\mathrm{OA}}=\begin{pmatrix} a \\ b \end{pmatrix}=\begin{pmatrix} r_1\cos\alpha \\ r_1\sin\alpha \end{pmatrix}\ (r_1>0),$$

$$\overrightarrow{\mathrm{OC}}=\begin{pmatrix} c \\ d \end{pmatrix}=\begin{pmatrix} r_2\cos\beta \\ r_2\sin\beta \end{pmatrix}\ (r_2>0)$$

とおくと，r_1 は辺 OA の長さ，r_2 は辺 OC の長さを表し，α，β は x 軸から正方向に回転して$\overrightarrow{\mathrm{OA}}$，$\overrightarrow{\mathrm{OC}}$に重なるまでの角をそれぞれ表す（図 4.1）．

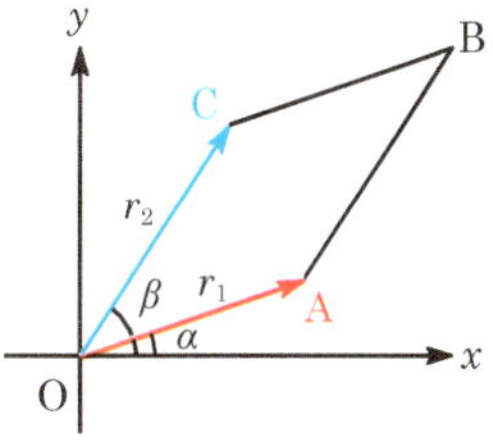

図 4.1

このとき，

$$\det A=ad-bc=r_1\cos\alpha\cdot r_2\sin\beta-r_1\sin\alpha\cdot r_2\cos\beta=r_1r_2\sin(\beta-\alpha)$$

したがって，$\det A$ の符号は $\sin(\beta-\alpha)$ の符号と一致する．

$\beta-\alpha=n\pi$（n は整数）のとき，$\det A=0$ で，O，A，C は一直線上にあり，平行四辺形 OABC はできない．

$0<\beta-\alpha<\pi$ のときは $\det A>0$，$-\pi<\beta-\alpha<0$（または $\pi<\beta-\alpha<2\pi$）のときは $\det A<0$ なので，

$$\begin{cases} \det A>0 & \overrightarrow{\mathrm{OA}}\text{から}\overrightarrow{\mathrm{OC}}\text{への最小回転角が正方向} \\ \det A=0 & \overrightarrow{\mathrm{OA}}\ /\!/\ \overrightarrow{\mathrm{OC}} \\ \det A<0 & \overrightarrow{\mathrm{OA}}\text{から}\overrightarrow{\mathrm{OC}}\text{への最小回転角が負方向} \end{cases}$$

平行六面体の体積は 3 次の行列式の絶対値

行列 $A=\begin{pmatrix} a & b & c \\ d & e & f \\ g & h & i \end{pmatrix}$ に対して，列ベクトル $\boldsymbol{a}=\begin{pmatrix} a \\ d \\ g \end{pmatrix}$，$\boldsymbol{b}=\begin{pmatrix} b \\ e \\ h \end{pmatrix}$，$\boldsymbol{c}=\begin{pmatrix} c \\ f \\ i \end{pmatrix}$

を辺とする平行六面体 OABC-DEFG の体積は A の行列式 $\det A$ の絶対値 $|\det A|$ である．

（証明） $\overrightarrow{\mathrm{OA}}=\boldsymbol{a}=\begin{pmatrix} a \\ d \\ g \end{pmatrix}$，$\overrightarrow{\mathrm{OC}}=\boldsymbol{b}=\begin{pmatrix} b \\ e \\ h \end{pmatrix}$，$\overrightarrow{\mathrm{OD}}=\boldsymbol{c}=\begin{pmatrix} c \\ f \\ i \end{pmatrix}$ とする．

点 D から平面 OABC へ下した垂線の足を H，OD と平面 OABC のなす角を θ とする（図 4.2）．平行六面体 OABC-DEFG の体積は平行四辺形 OABC の面積に DH を掛けたものであり，DH = OD$\sin\theta$ であるから

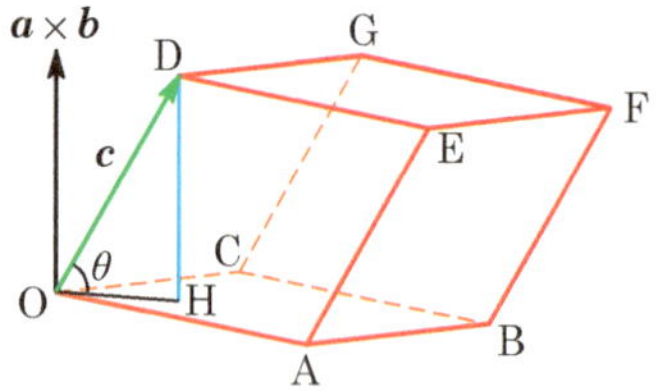

図 4.2

$$\text{平行六面体 OABC-DEFG} = \square\text{OABC} \times \text{OD} \sin\theta$$

面積ベクトル $\boldsymbol{a}\times\boldsymbol{b}$ は平面 OABC に垂直で，大きさは平行四辺形の面積に等しい．したがって，$\boldsymbol{a}\times\boldsymbol{b}$ と $\boldsymbol{c}$ のなす角は $\frac{\pi}{2}-\theta$ または $\frac{\pi}{2}+\theta$．

したがって，$\sin\theta=\left|\cos\left(\frac{\pi}{2}\mp\theta\right)\right|$ から，

$$\text{平行六面体 OABC-DEFG} = |(\boldsymbol{a}\times\boldsymbol{b})\cdot\boldsymbol{c}|$$

$$(\boldsymbol{a}\times\boldsymbol{b})=\begin{pmatrix} dh-ge \\ gb-ah \\ ae-db \end{pmatrix}$$

$$\begin{aligned}(\boldsymbol{a}\times\boldsymbol{b})\cdot\boldsymbol{c} &= (dh-ge)c+(gb-ah)f+(ae-db)i \\ &= aei+bfg+cdh-afh-bdi-ceg\end{aligned}$$

一方，

$$\det A = aei+bfg+cdh-afh-bdi-ceg$$

だから，平行六面体 OABC-DEFG の体積は $|\det A|$．（証明終）

次に，$\det A$ の符号についても考察してみよう．

$\det A = (\boldsymbol{a}\times\boldsymbol{b})\cdot\boldsymbol{c}$ だから，$\det A$ の符号は $(\boldsymbol{a}\times\boldsymbol{b})\cdot\boldsymbol{c}$ の符号と一致する．

$(\boldsymbol{a}\times\boldsymbol{b})\cdot\boldsymbol{c}$ の符号は，$\boldsymbol{a}\times\boldsymbol{b}$ と $\boldsymbol{c}$ のなす角が 90° より小さいかどうかで定まる．したがって，$\det A \neq 0$ のとき，

$$\begin{cases} \det A > 0 & \text{平面 OABC について，} \boldsymbol{a}\times\boldsymbol{b} \text{ と } \boldsymbol{c} \text{ が同じ側を向くとき} \\ \det A < 0 & \text{平面 OABC について，} \boldsymbol{a}\times\boldsymbol{b} \text{ と } \boldsymbol{c} \text{ が逆側を向くとき} \end{cases}$$

平行六面体の 3 辺 OA，OC，OD に親指，人差指，中指を重ねるとき，右手の指を重ねる方が都合がよいときは，$\det A > 0$ で，左手の指を重ねる方が都合がよいときは，$\det A < 0$ である．（図 4.3）

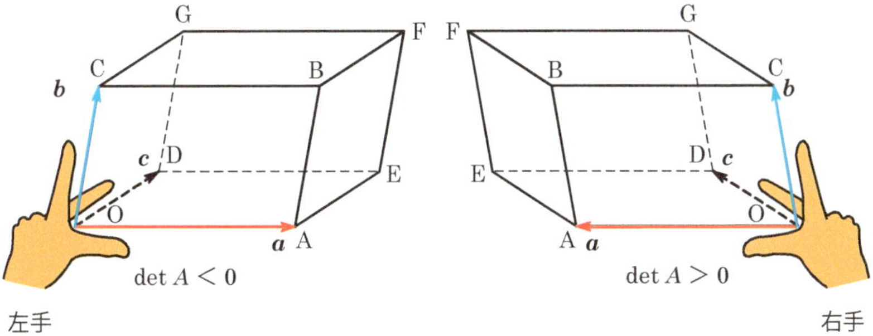

図 4.3

例題 4.5　四面体 OABC の頂点の座標が，O(0, 0, 0)，A(2, 3, 1)，B(2, 5, 0)，C(3, 1, 1) であるとき，この四面体の体積を求めよ．

(解)　△OAB の面積が $\frac{1}{2}\left|\overrightarrow{OA}\times\overrightarrow{OB}\right|$ であり，C から面 OAB へ下した垂線の足を H とすると，四面体 OABC の体積は $\frac{1}{3}$△OAB×CH であるから，平行六面体と同様に考えると，

$$(\text{四面体 OABC の体積}) = \frac{1}{6}\left|(\overrightarrow{OA}\times\overrightarrow{OB})\cdot\overrightarrow{OC}\right| = \frac{1}{6}\left|\det\begin{pmatrix} 2 & 2 & 3 \\ 3 & 5 & 1 \\ 1 & 0 & 1 \end{pmatrix}\right|$$

$$= \frac{1}{6}|2\times5\times1+2\times1\times1+3\times3\times0-2\times1\times0-2\times3\times1-3\times5\times1|$$

$$= \frac{1}{6}|-9| = \frac{3}{2}$$

演習 4.5 平行六面体の1頂点のAの座標が，(1, 2, 3)，Aに隣り合う頂点の座標がB(2, 2, 4)，C(3, 4, 4)，D(3, 3, 4)であるとき，この平行六面体の体積を求めよ．

4.2 行列式の性質

$|{}^tA| = |A|$ 転置行列の行列式はもとの行列式と等しい

転置行列式の公式

行列式の行と列を入れ替えても行列式の値は変わらない．

$$\begin{vmatrix} a_{11} & a_{12} & \cdots & a_{1n} \\ a_{21} & a_{22} & \cdots & a_{2n} \\ \vdots & \vdots & \ddots & \vdots \\ a_{n1} & a_{n2} & \cdots & a_{nn} \end{vmatrix} = \begin{vmatrix} a_{11} & a_{21} & \cdots & a_{n1} \\ a_{12} & a_{22} & \cdots & a_{n2} \\ \vdots & \vdots & \ddots & \vdots \\ a_{1n} & a_{2n} & \cdots & a_{nn} \end{vmatrix}$$

1次，2次，3次の行列式 $|A|$ については $|{}^tA| = |A|$ が成り立つことは容易に確かめられる．すなわち

$|a| = |a|$ (自明)． $\begin{vmatrix} a & b \\ c & d \end{vmatrix} = \begin{vmatrix} a & c \\ b & d \end{vmatrix} = ad - bc.$ (証明終)

例題 4.6 次を証明せよ．

$$\begin{vmatrix} a_1 & b_1 & c_1 \\ a_2 & b_2 & c_2 \\ a_3 & b_3 & c_3 \end{vmatrix} = \begin{vmatrix} a_1 & a_2 & a_3 \\ b_1 & b_2 & b_3 \\ c_1 & c_2 & c_3 \end{vmatrix}$$

(解)

$$\begin{vmatrix} a_1 & b_1 & c_1 \\ a_2 & b_2 & c_2 \\ a_3 & b_3 & c_3 \end{vmatrix} = a_1b_2c_3 + b_1c_2a_3 + c_1a_2b_3 - a_1c_2b_3 - b_1a_2c_3 - c_1b_2a_3$$

$$= \begin{vmatrix} a_1 & a_2 & a_3 \\ b_1 & b_2 & b_3 \\ c_1 & c_2 & c_3 \end{vmatrix} \quad \text{(証明終)}$$

転置行列式の公式は数学的帰納法によって証明される．すなわち，$n-1$ 次の行列式，n 次の行列式について転置行列式の公式 ($|{}^tA| = |A|$) が成り立てば $n+1$ 次の行列式についても転置行列式の公式が成り立つことが示される．この証明は煩雑なので〈巻末付録〉で紹介する．

演習 4.6 次の 2 つの行列式

$$|A| = \begin{vmatrix} 1 & 2 & 1 & 2 \\ 1 & 3 & -2 & 2 \\ 1 & 0 & 3 & 1 \\ 2 & 1 & 2 & 1 \end{vmatrix}, \quad |{}^tA| = \begin{vmatrix} 1 & 1 & 1 & 2 \\ 2 & 3 & 0 & 1 \\ 1 & -2 & 3 & 2 \\ 2 & 2 & 1 & 1 \end{vmatrix}$$

の値が等しいことを第 1 行展開を用いて確かめよ．

行列式の交代性

行列式の交代性 (1)：隣り合う 2 行間

隣り合う 2 行を入れ替えたとき行列式の値は -1 倍になる．

$$\begin{vmatrix} a_{11} & a_{12} & \cdots & a_{1n} \\ \vdots & \vdots & \ddots & \vdots \\ a_{i1} & a_{i2} & \cdots & a_{in} \\ a_{i+1,\,1} & a_{i+1,\,2} & \cdots & a_{i+1,\,n} \\ \vdots & \vdots & \ddots & \vdots \\ a_{n1} & a_{n2} & \cdots & a_{nn} \end{vmatrix} = -\begin{vmatrix} a_{11} & a_{12} & \cdots & a_{1n} \\ \vdots & \vdots & \ddots & \vdots \\ a_{i+1,\,1} & a_{i+1,\,2} & \cdots & a_{i+1,\,n} \\ a_{i1} & a_{i2} & \cdots & a_{in} \\ \vdots & \vdots & \ddots & \vdots \\ a_{n1} & a_{n2} & \cdots & a_{nn} \end{vmatrix}$$

一般に文字や式を交換したときに符号が変わることを**交代性**が成り立つという．

1 次，2 次，3 次の行列式については上の公式（隣り合う 2 行間の交代性）が成り立つことは容易に確かめられる．

例題 4.7 次を証明せよ．

(1) $\begin{vmatrix} a & b \\ c & d \end{vmatrix} = -\begin{vmatrix} c & d \\ a & b \end{vmatrix}$

(2) $\begin{vmatrix} a_1 & a_2 & a_3 \\ b_1 & b_2 & b_3 \\ c_1 & c_2 & c_3 \end{vmatrix} = -\begin{vmatrix} b_1 & b_2 & b_3 \\ a_1 & a_2 & a_3 \\ c_1 & c_2 & c_3 \end{vmatrix} = -\begin{vmatrix} a_1 & a_2 & a_3 \\ c_1 & c_2 & c_3 \\ b_1 & b_2 & b_3 \end{vmatrix}$

(解) (1) $\begin{vmatrix} a & b \\ c & d \end{vmatrix} = ad - bc = -(bc - ad) = -\begin{vmatrix} c & d \\ a & b \end{vmatrix}$ （証明終）

(2) $\begin{vmatrix} a_1 & a_2 & a_3 \\ b_1 & b_2 & b_3 \\ c_1 & c_2 & c_3 \end{vmatrix} = a_1b_2c_3 + a_2b_3c_1 + a_3b_1c_2 - a_1b_3c_2 - a_2b_1c_3 - a_3b_2c_1$

$$\begin{vmatrix} b_1 & b_2 & b_3 \\ a_1 & a_2 & a_3 \\ c_1 & c_2 & c_3 \end{vmatrix} = b_1a_2c_3 + b_2a_3c_1 + b_3a_1c_2 - b_1a_3c_2 - b_2a_1c_3 - b_3a_2c_1$$

$$\begin{vmatrix} a_1 & a_2 & a_3 \\ c_1 & c_2 & c_3 \\ b_1 & b_2 & b_3 \end{vmatrix} = a_1c_2b_3 + a_2c_3b_1 + a_3c_1b_2 - a_1c_3b_2 - a_2c_1b_3 - a_3c_2b_1$$

よって，$\begin{vmatrix} a_1 & a_2 & a_3 \\ b_1 & b_2 & b_3 \\ c_1 & c_2 & c_3 \end{vmatrix} = -\begin{vmatrix} b_1 & b_2 & b_3 \\ a_1 & a_2 & a_3 \\ c_1 & c_2 & c_3 \end{vmatrix} = -\begin{vmatrix} a_1 & a_2 & a_3 \\ c_1 & c_2 & c_3 \\ b_1 & b_2 & b_3 \end{vmatrix}$ （証明終）

行列式の隣り合う 2 行間の交代性は数学的帰納法によって証明される．すなわち，n 次の行列式について隣り合う 2 行間の交代性が成り立てば $n+1$ 次の行列式について隣り合う 2 行間の交代性が成り立つ．この証明も煩雑なので〈巻末付録〉で紹介する．

演習 4.7 次の 3 つの行列式をそれぞれ $|A_1|$，$|A_2|$，$|A_3|$ とする．A_1，A_2，A_3 は演習 4.6 の行列 A の行または列を適当に入れ替えた行列である．

$$\begin{vmatrix} 1 & 3 & -2 & 2 \\ 1 & 2 & 1 & 2 \\ 1 & 0 & 3 & 1 \\ 2 & 1 & 2 & 1 \end{vmatrix}, \quad \begin{vmatrix} 1 & 2 & 1 & 2 \\ 2 & 1 & 2 & 1 \\ 1 & 0 & 3 & 1 \\ 1 & 3 & -2 & 2 \end{vmatrix}, \quad \begin{vmatrix} 2 & 1 & 1 & 2 \\ 3 & 1 & -2 & 2 \\ 0 & 1 & 3 & 1 \\ 1 & 2 & 2 & 1 \end{vmatrix}$$

これらの値は**演習 4.6** の行列式 $|A|$ と絶対値が等しく符号が反対であることを第 1 行展開を用いて確かめよ.

行列式の交代性 (2)：一般

行または列の入れ替えを合せて奇数回行うと行列式は -1 倍になり，偶数回行うと行列式の値は変わらない．したがって行列式は行，列について交代性が成り立つ.

なぜなら，列を入れ替えることは，転置して行を入れ替え再び転置することに他ならない．転置行列式の公式と隣り合う 2 行間の交代性から，隣り合う 2 列の交換に対しても行列式が -1 倍になることがわかる．これらから，行の交換や列の交換を繰り返すとき，交換の回数が奇数回なら -1 倍，偶数回なら 1 倍（そのまま）である.

また，隣り合わない 2 行の互換は，結局隣り合う 2 列の互換を奇数回行って達成される．隣り合わない 2 列の場合も同様．したがって，隣り合わない 2 行，または隣り合わない 2 列の互換によっても行列式は -1 倍になる.

例題 4.8 第 2 列と第 3 列を入れ替えた行列式について,

$$\begin{vmatrix} a & b & c \\ d & e & f \\ g & h & i \end{vmatrix} = -\begin{vmatrix} a & c & b \\ d & f & e \\ g & i & h \end{vmatrix}$$

が成り立つことを，転置行列式の公式（$|{}^tA| = |A|$）と隣り合う 2 行間の交代性のみを用いて示せ.

（解） 転置行列式の公式より,

$$\begin{vmatrix} a & b & c \\ d & e & f \\ g & h & i \end{vmatrix} = \begin{vmatrix} a & d & g \\ b & e & h \\ c & f & i \end{vmatrix}$$

隣り合う 2 行間の交代性より,

$$\begin{vmatrix} a & d & g \\ b & e & h \\ c & f & i \end{vmatrix} = -\begin{vmatrix} a & d & g \\ c & f & i \\ b & e & h \end{vmatrix}$$

転置行列式の公式より，

$$-\begin{vmatrix} a & d & g \\ c & f & i \\ b & e & h \end{vmatrix} = -\begin{vmatrix} a & c & b \\ d & f & e \\ g & i & h \end{vmatrix}$$

よって，

$$\begin{vmatrix} a & b & c \\ d & e & f \\ g & h & i \end{vmatrix} = -\begin{vmatrix} a & c & b \\ d & f & e \\ g & i & h \end{vmatrix} \quad \text{(証明終)}$$

演習 4.8 第 1 行と第 3 行入れ替えた行列式について，

$$\begin{vmatrix} a & b & c \\ d & e & f \\ g & h & i \end{vmatrix} = -\begin{vmatrix} g & h & i \\ d & e & f \\ a & b & c \end{vmatrix}$$

が成り立つことを，隣り合う 2 行間の交代性のみを用いて示せ．

行列式の余因子展開

余因子展開 $i=1, 2, \cdots, n$，$j=1, 2, \cdots, n$ に対して，

$$|A| = a_{i1}\tilde{a}_{i1} + a_{i2}\tilde{a}_{i2} + a_{i3}\tilde{a}_{i3} + \cdots + a_{in}\tilde{a}_{in} \quad (\text{第 } i \text{ 行展開})$$
$$|A| = a_{1j}\tilde{a}_{1j} + a_{2j}\tilde{a}_{2j} + a_{3j}\tilde{a}_{3j} + \cdots + a_{nj}\tilde{a}_{nj} \quad (\text{第 } j \text{ 列展開}) \qquad (4.3)$$

4.1 節 (p.86) では行列式を第 1 行展開で定義したが，転置行列式の公式，行または列の交代性により，転置および行，列の交換による行列式の変化がわかった．その結果から，任意の行または列について余因子展開ができることがわかった．

例題 4.9 次の行列式の値を行または列展開を用いて求めよ.

(1) $\begin{vmatrix} 1 & 2 & 3 \\ 3 & 0 & 2 \\ 2 & 3 & 1 \end{vmatrix}$　　(2) $\begin{vmatrix} 1 & 5 & 8 & 10 \\ 0 & 2 & 6 & 9 \\ 0 & 0 & 3 & 7 \\ 0 & 0 & 0 & 4 \end{vmatrix}$

(解) (1) 第 2 行展開する.

$$\begin{vmatrix} 1 & 2 & 3 \\ 3 & 0 & 2 \\ 2 & 3 & 1 \end{vmatrix} = -3\begin{vmatrix} 2 & 3 \\ 3 & 1 \end{vmatrix} + 0\begin{vmatrix} 1 & 3 \\ 2 & 1 \end{vmatrix} - 2\begin{vmatrix} 1 & 2 \\ 2 & 3 \end{vmatrix}$$

$$= -3(-7) - 2(-1) = \underline{23}$$

(2) 第 1 列展開する. 第 1 列は (1, 1) 成分以外すべて 0 だから,

$$\begin{vmatrix} 1 & 5 & 8 & 10 \\ 0 & 2 & 6 & 9 \\ 0 & 0 & 3 & 7 \\ 0 & 0 & 0 & 4 \end{vmatrix} = 1 \times \begin{vmatrix} 2 & 6 & 9 \\ 0 & 3 & 7 \\ 0 & 0 & 4 \end{vmatrix} = 2 \times \begin{vmatrix} 3 & 7 \\ 0 & 4 \end{vmatrix} = \underline{24}$$

演習 4.9 次の行列式の値を行または列展開を用いて求めよ.

(1) $\begin{vmatrix} 3 & 2 & 0 \\ 2 & 3 & 2 \\ 1 & 2 & 3 \end{vmatrix}$　　(2) $\begin{vmatrix} 0 & 1 & 0 & 0 \\ 1 & 0 & 1 & 0 \\ 0 & 1 & 0 & 1 \\ 0 & 0 & 1 & 0 \end{vmatrix}$

(3) $\begin{vmatrix} 1 & 4 & 5 & 1 \\ 2 & 0 & 3 & 0 \\ 0 & 0 & 3 & 0 \\ 9 & 1 & 8 & 0 \end{vmatrix}$　　(4) $\begin{vmatrix} 1 & 0 & 5 & 2 \\ 6 & 2 & 3 & 7 \\ 0 & 0 & 2 & 0 \\ 1 & 0 & 8 & 3 \end{vmatrix}$

(5) $\begin{vmatrix} 1 & 0 & 2 & 2 \\ 2 & 1 & 2 & 2 \\ 2 & 0 & 1 & 0 \\ 2 & 2 & 2 & 1 \end{vmatrix}$　　(6) $\begin{vmatrix} a & 0 & b & 0 \\ 0 & c & 0 & d \\ e & 0 & f & 0 \\ 0 & g & 0 & h \end{vmatrix}$

(7) $\begin{vmatrix} a & 0 & e & 0 \\ 0 & c & f & 0 \\ b & 0 & 0 & g \\ 0 & d & 0 & h \end{vmatrix}$ (8) $\begin{vmatrix} a & b & 0 & 0 \\ b & a & b & 0 \\ 0 & b & a & b \\ 0 & 0 & b & a \end{vmatrix}$

例題 4.10

行列式 $|A| = \begin{vmatrix} 1 & 2 & 3 & 2 \\ 0 & 1 & 3 & 2 \\ 1 & 2 & 2 & 0 \\ 2 & 2 & 2 & 3 \end{vmatrix}$ を第 1 行展開，第 2 行展開，第 1 列展開によって計算し，それらが等しいことを確認せよ．

（解） 第 1 行展開

$$|A| = \begin{vmatrix} 1 & 3 & 2 \\ 2 & 2 & 0 \\ 2 & 2 & 3 \end{vmatrix} - 2\begin{vmatrix} 0 & 3 & 2 \\ 1 & 2 & 0 \\ 2 & 2 & 3 \end{vmatrix} + 3\begin{vmatrix} 0 & 1 & 2 \\ 1 & 2 & 0 \\ 2 & 2 & 3 \end{vmatrix} - 2\begin{vmatrix} 0 & 1 & 3 \\ 1 & 2 & 2 \\ 2 & 2 & 2 \end{vmatrix}$$

$$= (-12) - 2(-13) + 3(-7) - 2(-4) = 1$$

第 2 行展開

$$|A| = -0\begin{vmatrix} 2 & 3 & 2 \\ 2 & 2 & 0 \\ 2 & 2 & 3 \end{vmatrix} + \begin{vmatrix} 1 & 3 & 2 \\ 1 & 2 & 0 \\ 2 & 2 & 3 \end{vmatrix} - 3\begin{vmatrix} 1 & 2 & 2 \\ 1 & 2 & 0 \\ 2 & 2 & 3 \end{vmatrix} + 2\begin{vmatrix} 1 & 2 & 3 \\ 1 & 2 & 2 \\ 2 & 2 & 2 \end{vmatrix}$$

$$= (-7) - 3(-4) + 2(-2) = 1$$

第 1 列展開

$$|A| = \begin{vmatrix} 1 & 3 & 2 \\ 2 & 2 & 0 \\ 2 & 2 & 3 \end{vmatrix} - 0\begin{vmatrix} 2 & 3 & 2 \\ 2 & 2 & 0 \\ 2 & 2 & 3 \end{vmatrix} + \begin{vmatrix} 2 & 3 & 2 \\ 1 & 3 & 2 \\ 2 & 2 & 3 \end{vmatrix} - 2\begin{vmatrix} 2 & 3 & 2 \\ 1 & 3 & 2 \\ 2 & 2 & 0 \end{vmatrix}$$

$$= -12 + 5 - 2(-4) = 1$$

よって，これらの結果は一致する．（証明終）

演習 4.10 行列式 $\begin{vmatrix} 1 & 1 & 2 & 2 \\ 1 & 0 & 1 & 2 \\ 1 & 2 & 2 & 0 \\ 0 & 1 & 1 & 2 \end{vmatrix}$ を第 4 行展開，第 2 列展開，第 3 列展開によって計算し，それらが等しいことを確認せよ．

行列式の線形性

行列式の線形性（1）：行（列）のスカラー倍

行列の 1 つの行（列）に同じ数 c を掛けると，行列式は c 倍される．

$$\begin{vmatrix} a_{11} & a_{12} & \cdots & a_{1n} \\ \vdots & \vdots & \ddots & \vdots \\ ca_{i1} & ca_{i2} & \cdots & c_{1in} \\ \vdots & \vdots & \ddots & \vdots \\ a_{n1} & a_{n2} & \cdots & a_{nn} \end{vmatrix} = c \begin{vmatrix} a_{11} & a_{12} & \cdots & a_{1n} \\ \vdots & \vdots & \ddots & \vdots \\ a_{i1} & a_{i2} & \cdots & a_{in} \\ \vdots & \vdots & \ddots & \vdots \\ a_{n1} & a_{n2} & \cdots & a_{nn} \end{vmatrix} \tag{4.4}$$

（証明） 行（列）展開をして考えれば明らか．与行列式の $(i,\ j)$ 余因子を $\tilde{a}_{ij}$ とし第 i 行展開すると，（4.4）式の左辺の行列式は

$$(ca_{i1})\tilde{a}_{i1} + (ca_{i2})\tilde{a}_{i2} + \cdots + (ca_{in})\tilde{a}_{in}$$

となり，

$$c(a_{i1}\tilde{a}_{i1} + a_{i2}\tilde{a}_{i2} + \cdots + a_{in}\tilde{a}_{in})$$

のように変形されるが，これは右辺の行列式の第 i 行展開の c 倍に他ならない．（証明終）

cA は n 個の行（列）を c 倍するので，
$|cA| = c^n|A|$ となるのじゃ．混同しないようにな

行列式の線形性（2）：和

行列の第 i 行（列）が2つのベクトル $\boldsymbol{b}$ と $\boldsymbol{c}$ の和になっているとき，行列式は第 i 行（列）が $\boldsymbol{b}$ の行列式と $\boldsymbol{c}$ の行列式の和である．

$$\begin{vmatrix} a_{11} & a_{12} & \cdots & a_{1n} \\ \vdots & \vdots & \ddots & \vdots \\ b_{i1}+c_{i1} & b_{i2}+c_{i2} & \cdots & b_{in}+c_{in} \\ \vdots & \vdots & \ddots & \vdots \\ a_{n1} & a_{n2} & \cdots & a_{nn} \end{vmatrix}$$

$$= \begin{vmatrix} a_{11} & a_{12} & \cdots & a_{1n} \\ \vdots & \vdots & \ddots & \vdots \\ b_{i1} & b_{i2} & \cdots & b_{in} \\ \vdots & \vdots & \ddots & \vdots \\ a_{n1} & a_{n2} & \cdots & a_{nn} \end{vmatrix} + \begin{vmatrix} a_{11} & a_{12} & \cdots & a_{1n} \\ \vdots & \vdots & \ddots & \vdots \\ c_{i1} & c_{i2} & \cdots & c_{in} \\ \vdots & \vdots & \ddots & \vdots \\ a_{n1} & a_{n2} & \cdots & a_{nn} \end{vmatrix} \tag{4.5}$$

（証明） 行（列）展開をして考えれば明らか．与行列式の (i, j) 余因子を $\tilde{a}_{ij}$ として，（4.5）式の左辺の行列式を第 i 行展開すると

$$(b_{i1}+c_{i1})\tilde{a}_{i1}+(b_{i2}+c_{i2})\tilde{a}_{i2}+\cdots+(b_{in}+c_{in})\tilde{a}_{in}$$

となり，

$$(b_{i1}\tilde{a}_{i1}+b_{i2}\tilde{a}_{i2}+\cdots+b_{in}\tilde{a}_{in})+(c_{i1}\tilde{a}_{i1}+c_{i2}\tilde{a}_{i2}+\cdots+c_{in}\tilde{a}_{in})$$

のように変形されるが，これは（4.5）式の右辺の2つの行列式の第 i 行展開の和に他ならない．（証明終）

例題 4.11 次の行列式を計算せよ．

（1） $\begin{vmatrix} 0 & 3 & 1 \\ 2 & 6 & 2 \\ 1 & 3 & 0 \end{vmatrix}$ （2） $\begin{vmatrix} 1 & 2b & 1 \\ 0 & a-b & 1 \\ 1 & a & 0 \end{vmatrix}$

（解） （1） 第2行はすべて2の倍数であり，第2列はすべて3の倍数だから，

$$\begin{vmatrix} 0 & 3 & 1 \\ 2 & 6 & 2 \\ 1 & 3 & 0 \end{vmatrix} = 2\begin{vmatrix} 0 & 3 & 1 \\ 1 & 3 & 1 \\ 1 & 3 & 0 \end{vmatrix} = 6\begin{vmatrix} 0 & 1 & 1 \\ 1 & 1 & 1 \\ 1 & 1 & 0 \end{vmatrix} = 6(0+1+1-0-0-1) = \underline{6}$$

(2) $\begin{vmatrix} 1 & 2b & 1 \\ 0 & a-b & 1 \\ 1 & a & 0 \end{vmatrix} = \begin{vmatrix} 1 & 0+2b & 1 \\ 0 & a-b & 1 \\ 1 & a+0 & 0 \end{vmatrix}$ とみて，

$$= \begin{vmatrix} 1 & 0 & 1 \\ 0 & a & 1 \\ 1 & a & 0 \end{vmatrix} + \begin{vmatrix} 1 & 2b & 1 \\ 0 & -b & 1 \\ 1 & 0 & 0 \end{vmatrix} = a\begin{vmatrix} 1 & 0 & 1 \\ 0 & 1 & 1 \\ 1 & 1 & 0 \end{vmatrix} + b\begin{vmatrix} 1 & 2 & 1 \\ 0 & -1 & 1 \\ 1 & 0 & 0 \end{vmatrix}$$

$$= \underline{-2a+3b}$$

演習 4.11 次の行列式を計算せよ．

(1) $\begin{vmatrix} 1 & -1 & 4 \\ 0 & -2 & 8 \\ 3 & -3 & 0 \end{vmatrix}$　　(2) $\begin{vmatrix} 2a+b & -2b & 2a+3b \\ 0 & -1 & 1 \\ 1 & -1 & 0 \end{vmatrix}$

このように，1つの行または列について，成分のスカラー倍が行列式全体のスカラー倍，成分の和が行列式全体の和になることを，「行列式は，行または列について**線形性**が成り立つ」という．

4.3　行列式に関する有用な公式

同じ行（列）を含む行列式

2つの行（列）が全く同じベクトルであるようなものが存在すれば行列式は0である.

$$\begin{vmatrix} a_{11} & a_{12} & a_{13} & \cdots & a_{1n} \\ \vdots & \vdots & \vdots & \ddots & \vdots \\ c_1 & c_2 & c_3 & \cdots & c_n \\ \vdots & \vdots & \vdots & \ddots & \vdots \\ c_1 & c_2 & c_3 & \cdots & c_n \\ \vdots & \vdots & \vdots & \ddots & \vdots \\ a_{n1} & a_{n2} & a_{n3} & \cdots & a_{nn} \end{vmatrix} = 0$$

行列式の交代性から2つの行（列）を入れ替えたとき行列式の符号が反対になるが，2つの行（列）が等しいなら入れ替えても値が変わらないからその行列式の値は0である.

他の行の k 倍を加える

1つの行（列）に他の行（列）の k 倍を加えても行列式の値は変わらない.

$$\begin{vmatrix} a_{11} & \cdots & a_{1n} \\ \vdots & \ddots & \vdots \\ a_{i1} & \cdots & a_{in} \\ \vdots & \ddots & \vdots \\ c_1 & \cdots & c_n \\ \vdots & \ddots & \vdots \\ a_{n1} & \cdots & a_{nn} \end{vmatrix} = \begin{vmatrix} a_{11} & \cdots & a_{1n} \\ \vdots & \ddots & \vdots \\ a_{i1}+kc_1 & \cdots & a_{in}+kc_n \\ \vdots & \ddots & \vdots \\ c_1 & \cdots & c_n \\ \vdots & \ddots & \vdots \\ a_{n1} & \cdots & a_{nn} \end{vmatrix}$$

行列式の線形性によって右辺を2つに分け後者から k をくくりだすと残りは同じ行を含む形になり行列式の値が0である．前者はもとの行列式に等しい．

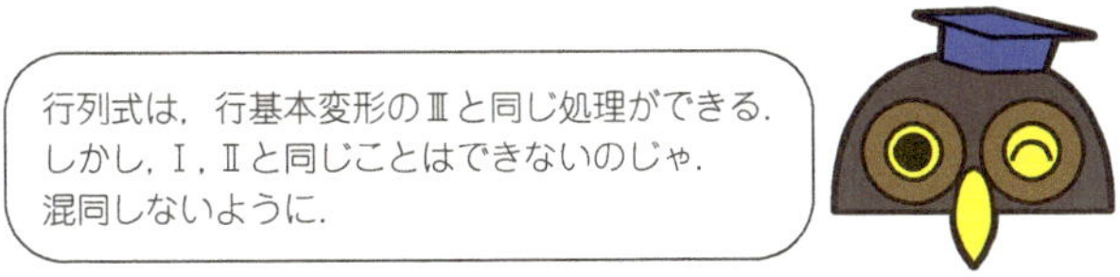

行列式は，行基本変形のⅢと同じ処理ができる．
しかし，Ⅰ，Ⅱと同じことはできないのじゃ．
混同しないように．

例題 4.12

$$\begin{vmatrix} 2 & 1 & 3 \\ 4 & 5 & 4 \\ 6 & 6 & 2 \end{vmatrix}$$

を計算せよ．

(解) 行基本変形Ⅲから

$$\begin{vmatrix} 2 & 1 & 3 \\ 4 & 5 & 4 \\ 6 & 6 & 2 \end{vmatrix} \xrightarrow[3行-3\times 1行]{2行-2\times 1行} \begin{vmatrix} 2 & 1 & 3 \\ 0 & 3 & -2 \\ 0 & 3 & -7 \end{vmatrix}$$

これを第 1 列展開すると，第 1 列は（1，1）成分しかないから，

$$\begin{vmatrix} 2 & 1 & 3 \\ 4 & 5 & 4 \\ 6 & 6 & 2 \end{vmatrix} = \begin{vmatrix} 2 & 1 & 3 \\ 0 & 3 & -2 \\ 0 & 3 & -7 \end{vmatrix} = 2\begin{vmatrix} 3 & -2 \\ 3 & -7 \end{vmatrix} = 2\times(-21+6) = \underline{-30}$$

演習 4.12 次の行列式の値を求めよ．

(1) $\begin{vmatrix} 1 & 2 & 1 \\ 2 & 1 & 2 \\ 1 & 2 & 1 \end{vmatrix}$ (2) $\begin{vmatrix} 1 & 1 & 1 \\ 2 & 3 & 4 \\ 4 & 9 & 16 \end{vmatrix}$

(3) $\begin{vmatrix} 1 & 1 & 1 & 1 \\ -1 & 1 & 1 & -1 \\ -1 & -1 & 1 & 1 \\ -1 & 1 & -1 & 1 \end{vmatrix}$ (4) $\begin{vmatrix} 1 & 2 & 3 & 4 \\ 4 & 1 & 2 & 3 \\ 3 & 4 & 1 & 2 \\ 2 & 3 & 4 & 1 \end{vmatrix}$

(5) $\begin{vmatrix} 1 & 1 & 3 & 1 \\ 2 & 4 & 3 & 2 \\ 2 & 3 & 3 & 3 \\ 1 & 2 & 2 & 4 \end{vmatrix}$

行列式のブロック分割

A を m 次行列，D を n 次行列，B を $m\times n$ 行列，O を $n\times m$ の零行列とするとき，

$$\begin{vmatrix} A & B \\ O & D \end{vmatrix} = |A||D|$$

同様に C を $n\times m$ 行列，O を $m\times n$ の零行列とするとき，

$$\begin{vmatrix} A & O \\ C & D \end{vmatrix} = |A||D|$$

$m=n=2$ の場合について考える．

$$\begin{vmatrix} a_{11} & a_{12} & b_{13} & b_{14} \\ a_{21} & a_{22} & b_{23} & b_{24} \\ 0 & 0 & d_{33} & d_{34} \\ 0 & 0 & d_{43} & d_{44} \end{vmatrix} = a_{11}\begin{vmatrix} a_{22} & b_{23} & b_{24} \\ 0 & d_{33} & d_{34} \\ 0 & d_{43} & d_{44} \end{vmatrix} - a_{21}\begin{vmatrix} a_{12} & b_{13} & b_{14} \\ 0 & d_{33} & d_{34} \\ 0 & d_{43} & d_{44} \end{vmatrix}$$

$$= a_{11}a_{22}\begin{vmatrix} d_{33} & d_{34} \\ d_{43} & d_{44} \end{vmatrix} - a_{21}a_{12}\begin{vmatrix} d_{33} & d_{34} \\ d_{43} & d_{44} \end{vmatrix}$$

$$= (a_{11}a_{22} - a_{12}a_{21})\begin{vmatrix} d_{33} & d_{34} \\ d_{43} & d_{44} \end{vmatrix}$$

$$= \begin{vmatrix} a_{11} & a_{12} \\ a_{21} & a_{22} \end{vmatrix}\begin{vmatrix} d_{33} & d_{34} \\ d_{43} & d_{44} \end{vmatrix}$$

一般には行列式の定義から，n 次の行列式は $n!$ の項からなり，各項は同じ行や同じ列の成分を含まない．$\begin{vmatrix} A & B \\ O & D \end{vmatrix}$ を第 1 列から列展開をしていき，第 m 列まで展開すると，A の成分だけからなる m 個の成分の積だけがくくりだされる．したがって，B の各成分は余因子に残らずすべての小行列式は $|D|$ となる．A の成分からなる部分は $|A|$ と同じになり，行列式は $|A||D|$ となる．

また，ブロック分割を繰り返して適用することによって，A_{11}，A_{22}，…，A_{mm} を正方行列とする行列に対して

$$\begin{vmatrix} A_{11} & A_{12} & \cdots & A_{1m} \\ O & A_{22} & \cdots & A_{2m} \\ \vdots & \vdots & \ddots & \vdots \\ O & O & \cdots & A_{mm} \end{vmatrix} = |A_{11}||A_{22}|\cdots|A_{mm}|$$

が導かれる．

$\begin{vmatrix} A & B \\ C & D \end{vmatrix}$ を勝手に，$|AD-BC|$ とか
$|A||D|-|B||C|$ と等しいとしてはいかんぞ

特に，A_{11}，A_{22}，$\cdots$，A_{mm} が 1 次の行列すなわちスカラーのとき，行列

$$\begin{pmatrix} a_{11} & a_{12} & \cdots & a_{1m} \\ O & a_{22} & \cdots & a_{2m} \\ \vdots & \vdots & \ddots & \vdots \\ O & & \cdots & a_{mm} \end{pmatrix}$$

を(上)三角行列といい，その行列式は対角成分の積 $a_{11}a_{22}\cdots a_{mm}$ となる．

例題 4.13

$$\begin{vmatrix} 1 & 2 & 3 & 4 \\ 2 & 1 & 2 & 3 \\ 0 & 0 & 1 & 2 \\ 0 & 0 & 2 & 1 \end{vmatrix}$$ を計算せよ．

(解) $\left|\begin{array}{cc|cc} 1 & 2 & 3 & 4 \\ 2 & 1 & 2 & 3 \\ \hline 0 & 0 & 1 & 2 \\ 0 & 0 & 2 & 1 \end{array}\right|$ とみて，

$$\begin{vmatrix} 1 & 2 & 3 & 4 \\ 2 & 1 & 2 & 3 \\ 0 & 0 & 1 & 2 \\ 0 & 0 & 2 & 1 \end{vmatrix} = \begin{vmatrix} 1 & 2 \\ 2 & 1 \end{vmatrix}\begin{vmatrix} 1 & 2 \\ 2 & 1 \end{vmatrix} = (-3)^2 = \underline{9}$$

演習 4.13 次の行列式の値を求めよ．

(1) $\begin{vmatrix} 3 & 2 & 3 & 4 \\ 1 & 1 & 10 & 9 \\ 0 & 0 & 1 & 2 \\ 0 & 0 & 2 & 1 \end{vmatrix}$ (2) $\begin{vmatrix} 1 & 2 & 3 & 4 & 5 \\ 0 & 1 & 2 & 3 & 4 \\ 0 & 0 & 1 & 2 & 3 \\ 0 & 0 & 0 & 1 & 2 \\ 0 & 0 & 0 & 0 & 1 \end{vmatrix}$

(3) $\begin{vmatrix} 1 & 2 & 3 & 4 & 5 \\ 2 & 1 & 2 & 3 & 4 \\ 0 & 0 & 0 & 2 & 3 \\ 0 & 0 & 0 & 1 & 2 \\ 0 & 0 & 0 & 2 & 1 \end{vmatrix}$　　(4) $\begin{vmatrix} 2 & 1 & 2 & 3 & 4 \\ 1 & 2 & 1 & 2 & 3 \\ 0 & 0 & 2 & 1 & 2 \\ 0 & 0 & 0 & 2 & 1 \\ 0 & 0 & 0 & 1 & 2 \end{vmatrix}$

(5) $\begin{vmatrix} 2 & 1 & 0 & -1 & -2 \\ 1 & 2 & 3 & 4 & 5 \\ 0 & 0 & 1 & 2 & 3 \\ 0 & 0 & 2 & 1 & 2 \\ 0 & 0 & 1 & 2 & 1 \end{vmatrix}$

行列の積の行列式は行列式の積

行列の積の行列式は行列式の積．2つの n 次行列 A，B について

$$|AB| = |A||B|$$

まず，式（3.2）で示した3次の基本行列の行列式を求めてみよう．

$$\begin{vmatrix} 1 & 0 & 0 \\ 0 & c & 0 \\ 0 & 0 & 1 \end{vmatrix} = c \qquad \begin{vmatrix} 0 & 1 & 0 \\ 1 & 0 & 0 \\ 0 & 0 & 1 \end{vmatrix} = -1 \qquad \begin{vmatrix} 1 & 0 & 0 \\ c & 1 & 0 \\ 0 & 0 & 1 \end{vmatrix} = 1$$

次数が大きくなっても，1が1個，他はすべて0である行が増えるだけだから行列式は変わらない．

行基本変形によって行列式がどのように変化するかを考えてみよう．行基本変形は基本行列を左から掛けることにより実現される．

Ⅰ　ある行を c 倍すると行列式の線形性から，行列式は c 倍になる．また，ある行を c 倍する基本行列の行列式は c である．

Ⅱ　2つの行を入れ替えると，行列式の交代性から，行列式は -1 倍になる．また，2つの行を入れ替える基本行列の行列式は -1 である．

Ⅲ　1つの行を k 倍して他の行に加えると，行列式の値は変わらない．また，1つの行を k 倍して他の行に加える基本行列の行列式は1である．

これらから基本行列との積の行列式は基本行列の行列式との積であることがわかる．

正則な行列は基本行列の積で表される 3.3 節（p.79）から，A，B が正則

行列のときは，$|AB|=|A||B|$ がいえる．

正則でない階段行列 R の最終行の成分はすべて 0 だから R の行列式は 0 である．正則でない行列は正則でない階段行列 R に順次基本行列を左から掛けて作られるから，R の行列式 0 を何倍かしたもの 3.3 節（p.81）である．したがって，その行列式も 0.

正則でない行列 A を基本行列の積 M と正則でない階段行列 R の積 $A=MR$ とすると，任意の行列 B に対して $AB=MRB$ を考えると，RB の最終行の成分はすべて 0 だから RB の行列式は 0 である．M は基本行列の積だから，A が正則でないとき AB の行列式は 0.

A が正則で，B が正則でないときは AB は基本行列の積と正則でない階段行列の積になるから，AB の行列式は 0.

以上から，任意の行列 A，B について，$|AB|=|A||B|$（証明終）

特に，次数が等しい 2 つの行列 A，B について，A^{-1} が存在するとき，次が成り立つ．

$$|A^{-1}|=\frac{1}{|A|},\quad |A^{-1}BA|=|B|$$

(証明) $AA^{-1}=E$ （E は単位行列）で，$|E|=1$ である．

積の行列式は行列式の積だから $|AA^{-1}|=|A||A^{-1}|$ である．よって，$|A||A^{-1}|=1$.

A^{-1} が存在するから，$|A|\neq 0$ よって，

$$|A^{-1}|=\frac{1}{|A|}\ \text{（証明終）}$$

積の行列式は行列式の積から $|A^{-1}BA|=|A^{-1}||B||A|$.

また，$|A^{-1}|=\dfrac{1}{|A|}$ である．よって，

$$|A^{-1}BA|=\frac{1}{|A|}|B||A|=|B|\ \text{（証明終）}$$

例題 4.14 2つの行列 $A=\begin{pmatrix}1&1&3\\2&1&2\\1&0&1\end{pmatrix}$, $B=\begin{pmatrix}1&2&2\\2&1&2\\2&1&1\end{pmatrix}$ について，

AB, $|A|$, $|B|$ を求め，$|AB|=|A||B|$ が成り立つことを確認せよ．

(解)

$$AB=\begin{pmatrix}1&1&3\\2&1&2\\1&0&1\end{pmatrix}\begin{pmatrix}1&2&2\\2&1&2\\2&1&1\end{pmatrix}=\underline{\begin{pmatrix}9&6&7\\8&7&8\\3&3&3\end{pmatrix}}$$

$$|A|=\begin{vmatrix}1&1&3\\2&1&2\\1&0&1\end{vmatrix}=\underline{-2}$$

$$|B|=\begin{vmatrix}1&2&2\\2&1&2\\2&1&1\end{vmatrix}=\underline{3}$$

また，

$$|AB|=\begin{vmatrix}9&6&7\\8&7&8\\3&3&3\end{vmatrix}=3\begin{vmatrix}9&6&7\\8&7&8\\1&1&1\end{vmatrix}\xleftarrow{\times -6,\ \times -7}=3\begin{vmatrix}3&0&1\\1&0&1\\1&1&1\end{vmatrix}=-3\begin{vmatrix}3&1\\1&1\end{vmatrix}=-6$$

たしかに，$|AB|=|A||B|=-6$ になっている．（証明終）

演習 4.14 2つの行列

$$A=\begin{pmatrix}0&1&0&1\\2&1&1&2\\2&1&1&1\\1&2&1&2\end{pmatrix},\quad B=\begin{pmatrix}1&2&2&1\\2&1&1&2\\2&1&1&1\\1&1&2&2\end{pmatrix}$$ について，

AB, $|A|$, $|B|$ を求め，$|AB|=|A||B|$ が成り立つことを確認せよ．

4.4 行列式と逆行列

余因子展開

余因子については **4.1** 節 (p.86) で定義した．また，(4.3) 式で

$$a_{i1}\tilde{a}_{i1}+a_{i2}\tilde{a}_{i2}+a_{i3}\tilde{a}_{i3}+\cdots+a_{in}\tilde{a}_{in}=|A|$$
$$a_{1j}\tilde{a}_{1j}+a_{2j}\tilde{a}_{2j}+a_{3j}\tilde{a}_{3j}+\cdots+a_{nj}\tilde{a}_{nj}=|A| \tag{4.6}$$

となることも示した．

ここで，

$$b_1\tilde{a}_{i1}+b_2\tilde{a}_{i2}+b_3\tilde{a}_{i3}+\cdots+b_n\tilde{a}_{in} \tag{4.7.1}$$

について考えてみよう．（4.6）式の第1式の a_{i1}，a_{i2}，$\cdots$，a_{nj} を b_1，b_2，$\cdots$，b_n で置き換えたものだから，行列 A の第 i 行だけが，$(b_1\ \ b_2\ \ \cdots\ \ b_n)$ で置き換わった行列の行列式になっている．したがって，（4.7.1）式は

$$\begin{vmatrix} a_{11} & a_{12} & \cdots & a_{1n} \\ \vdots & \vdots & \ddots & \vdots \\ b_1 & b_2 & \cdots & b_n \\ \vdots & \vdots & \ddots & \vdots \\ a_{n1} & a_{n2} & \cdots & a_{nn} \end{vmatrix} \tag{4.7.2}$$

に等しい．そこでもし，a_{i1}，a_{i2}，$\cdots$，a_{in} を b_1，b_2，$\cdots$，b_n の代わりに a_{k1}，a_{k2}，$\cdots$，$a_{kn}\,(i\neq k)$ で置き換えたらどうなるであろうか．第 i 行と第 k 行がともに，$(a_{k1}\ \ a_{k2}\ \ \cdots\ \ a_{kn})$ である行列の行列式になるから，

$$a_{k1}\tilde{a}_{i1}+a_{k2}\tilde{a}_{i2}+a_{k3}\tilde{a}_{i3}+\cdots+a_{kn}\tilde{a}_{in}=0 \quad (i\neq k)$$

となる．同様に，列展開において

$$a_{1k}\tilde{a}_{1j}+a_{2k}\tilde{a}_{2j}+a_{3k}\tilde{a}_{3j}+\cdots+a_{nk}\tilde{a}_{nj}=0 \quad (j\neq k)$$

となる．

余因子行列

余因子 $\tilde{a}_{ji}$ を成分とするを**余因子行列**といい，$\tilde{A}$ と書く．すなわち，

$$\tilde{A}={}^t\!\begin{pmatrix} \tilde{a}_{11} & \tilde{a}_{12} & \cdots & \tilde{a}_{1n} \\ \tilde{a}_{21} & \tilde{a}_{22} & \cdots & \tilde{a}_{2n} \\ \vdots & \vdots & \ddots & \vdots \\ \tilde{a}_{n1} & \tilde{a}_{n2} & \cdots & \tilde{a}_{nn} \end{pmatrix}=\begin{pmatrix} \tilde{a}_{11} & \tilde{a}_{21} & \cdots & \tilde{a}_{n1} \\ \tilde{a}_{12} & \tilde{a}_{22} & \cdots & \tilde{a}_{n2} \\ \vdots & \vdots & \ddots & \vdots \\ \tilde{a}_{1n} & \tilde{a}_{2n} & \cdots & \tilde{a}_{nn} \end{pmatrix}$$

$\tilde{A}$ の $(i,\ j)$ 成分が $\tilde{a}_{ji}$ であることに注意する．

これらの結果から $\tilde{A}A$，$A\tilde{A}$ の $(i,\ j)$ 成分は

$$(\tilde{A}A)_{ij}=\tilde{a}_{1i}a_{1j}+\tilde{a}_{2i}a_{2j}+\tilde{a}_{3i}a_{3j}+\cdots+\tilde{a}_{ni}a_{nj}=\begin{cases}|A| & (i=j\text{ のとき}) \\ 0 & (i\neq j\text{ のとき})\end{cases}$$

$$(A\tilde{A})_{ij} = a_{i1}\tilde{a}_{j1} + a_{i2}\tilde{a}_{j2} + a_{i3}\tilde{a}_{j3} + \cdots + a_{in}\tilde{a}_{jn} = \begin{cases} |A| & (i=j \text{ のとき}) \\ 0 & (i \neq j \text{ のとき}) \end{cases}$$

となる．したがって，

$$\tilde{A}A = A\tilde{A} = |A|E \tag{4.8}$$

例題 4.15 次の行列の余因子行列を求めよ．

(1) $\begin{pmatrix} a & b \\ c & d \end{pmatrix}$ (2) $\begin{pmatrix} 2 & 2 & 0 \\ 1 & 0 & 2 \\ 0 & 1 & 2 \end{pmatrix}$ (3) $\begin{pmatrix} 0 & 1 & 2 & 3 \\ 1 & 0 & 1 & 2 \\ 2 & 1 & 0 & 1 \\ 3 & 2 & 1 & 0 \end{pmatrix}$

(解) (1)の行列の余因子行列は，成分が1次の行列式すなわち数であるから，

$${}^t\begin{pmatrix} d & -c \\ -b & a \end{pmatrix} = \underline{\begin{pmatrix} d & -b \\ -c & a \end{pmatrix}}$$

(2) の行列の余因子行列は

$$\begin{pmatrix} \begin{vmatrix} 0 & 2 \\ 1 & 2 \end{vmatrix} & -\begin{vmatrix} 2 & 0 \\ 1 & 2 \end{vmatrix} & \begin{vmatrix} 2 & 0 \\ 0 & 2 \end{vmatrix} \\ -\begin{vmatrix} 1 & 2 \\ 0 & 2 \end{vmatrix} & \begin{vmatrix} 2 & 0 \\ 0 & 2 \end{vmatrix} & -\begin{vmatrix} 2 & 0 \\ 1 & 2 \end{vmatrix} \\ \begin{vmatrix} 1 & 0 \\ 0 & 1 \end{vmatrix} & -\begin{vmatrix} 2 & 2 \\ 0 & 1 \end{vmatrix} & \begin{vmatrix} 2 & 2 \\ 1 & 0 \end{vmatrix} \end{pmatrix} = \underline{\begin{pmatrix} -2 & -4 & 4 \\ -2 & 4 & -4 \\ 1 & -2 & -2 \end{pmatrix}}$$

(3) の行列の余因子行列は

$$\begin{pmatrix} \begin{vmatrix} 0 & 1 & 2 \\ 1 & 0 & 1 \\ 2 & 1 & 0 \end{vmatrix} & -\begin{vmatrix} 1 & 2 & 3 \\ 1 & 0 & 1 \\ 2 & 1 & 0 \end{vmatrix} & \begin{vmatrix} 1 & 2 & 3 \\ 0 & 1 & 2 \\ 2 & 1 & 0 \end{vmatrix} & -\begin{vmatrix} 1 & 2 & 3 \\ 0 & 1 & 2 \\ 1 & 0 & 1 \end{vmatrix} \\ -\begin{vmatrix} 1 & 1 & 2 \\ 2 & 0 & 1 \\ 3 & 1 & 0 \end{vmatrix} & \begin{vmatrix} 0 & 2 & 3 \\ 2 & 0 & 1 \\ 3 & 1 & 0 \end{vmatrix} & -\begin{vmatrix} 0 & 2 & 3 \\ 1 & 1 & 2 \\ 3 & 1 & 0 \end{vmatrix} & \begin{vmatrix} 0 & 2 & 3 \\ 1 & 1 & 2 \\ 2 & 0 & 1 \end{vmatrix} \\ \begin{vmatrix} 1 & 0 & 2 \\ 2 & 1 & 1 \\ 3 & 2 & 0 \end{vmatrix} & -\begin{vmatrix} 0 & 1 & 3 \\ 2 & 1 & 1 \\ 3 & 2 & 0 \end{vmatrix} & \begin{vmatrix} 0 & 1 & 3 \\ 1 & 0 & 2 \\ 3 & 2 & 0 \end{vmatrix} & -\begin{vmatrix} 0 & 1 & 3 \\ 1 & 0 & 2 \\ 2 & 1 & 1 \end{vmatrix} \\ -\begin{vmatrix} 1 & 0 & 1 \\ 2 & 1 & 0 \\ 3 & 2 & 1 \end{vmatrix} & \begin{vmatrix} 0 & 1 & 2 \\ 2 & 1 & 0 \\ 3 & 2 & 1 \end{vmatrix} & -\begin{vmatrix} 0 & 1 & 2 \\ 1 & 0 & 1 \\ 3 & 2 & 1 \end{vmatrix} & \begin{vmatrix} 0 & 1 & 2 \\ 1 & 0 & 1 \\ 2 & 1 & 0 \end{vmatrix} \end{pmatrix}$$

$$
=\begin{pmatrix} 4 & -6 & 0 & -2 \\ -6 & 12 & -6 & 0 \\ 0 & -6 & 12 & -6 \\ -2 & 0 & -6 & 4 \end{pmatrix}
$$

演習 4.15 次の行列の余因子行列を求めよ.

(1) $\begin{pmatrix} 1 & 1 & 0 \\ 1 & 2 & 3 \\ 0 & 1 & 2 \end{pmatrix}$ (2) $\begin{pmatrix} 1 & 2 & 9 \\ 4 & 3 & 8 \\ 5 & 6 & 7 \end{pmatrix}$ (3) $\begin{pmatrix} 1 & 0 & 2 & 1 \\ 2 & 2 & 1 & 0 \\ 0 & 1 & 2 & 2 \\ 1 & 2 & 0 & 1 \end{pmatrix}$

逆行列の一般公式

$|A|=0$ のとき, A^{-1} が存在すると仮定すると, $|A||A^{-1}|=|E|=1$ と矛盾する. したがって, A^{-1} は存在しない.

$|A|\neq 0$ のとき, (4.8) 式から

$$
A^{-1}=\frac{1}{|A|}\tilde{A}
$$

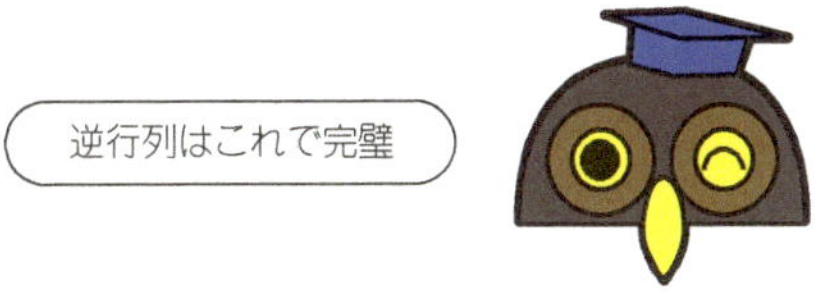

例題 4.16 次の行列に逆行列があればそれを求めよ.

(1) $\begin{pmatrix} 1 & 3 & 2 \\ 0 & 2 & 1 \\ 0 & 0 & 3 \end{pmatrix}$ (2) $\begin{pmatrix} 3 & 3 & 2 \\ 2 & 1 & 1 \\ 4 & 5 & 3 \end{pmatrix}$ (3) $\begin{pmatrix} 0 & 1 & 2 \\ 1 & 0 & 1 \\ 2 & 1 & 0 \end{pmatrix}$

(解) (1) $\begin{vmatrix} 1 & 3 & 2 \\ 0 & 2 & 1 \\ 0 & 0 & 3 \end{vmatrix}=1\times 2\times 3=6\neq 0$ だからこの行列は逆行列をもつ.

その逆行列は

$$
\frac{1}{6}\begin{pmatrix} \begin{vmatrix} 2 & 1 \\ 0 & 3 \end{vmatrix} & -\begin{vmatrix} 3 & 2 \\ 0 & 3 \end{vmatrix} & \begin{vmatrix} 3 & 2 \\ 2 & 1 \end{vmatrix} \\ -\begin{vmatrix} 0 & 1 \\ 0 & 3 \end{vmatrix} & \begin{vmatrix} 1 & 2 \\ 0 & 3 \end{vmatrix} & -\begin{vmatrix} 1 & 2 \\ 0 & 1 \end{vmatrix} \\ \begin{vmatrix} 0 & 2 \\ 0 & 0 \end{vmatrix} & -\begin{vmatrix} 1 & 3 \\ 0 & 0 \end{vmatrix} & \begin{vmatrix} 1 & 3 \\ 0 & 2 \end{vmatrix} \end{pmatrix}=\frac{1}{6}\begin{pmatrix} 6 & -9 & -1 \\ 0 & 3 & -1 \\ 0 & 0 & 2 \end{pmatrix}
$$

(2) $\begin{vmatrix} 3 & 3 & 2 \\ 2 & 1 & 1 \\ 4 & 5 & 3 \end{vmatrix} = 9+12+20-15-18-8=0$　だからこの行列は

逆行列をもたない.

(3) $\begin{vmatrix} 0 & 1 & 2 \\ 1 & 0 & 1 \\ 2 & 1 & 0 \end{vmatrix} = 0+2+2-0-0-0=4$　だからこの行列は逆行列をもつ.

その逆行列は

$$\frac{1}{4}\begin{pmatrix} \begin{vmatrix} 0 & 1 \\ 1 & 0 \end{vmatrix} & -\begin{vmatrix} 1 & 2 \\ 1 & 0 \end{vmatrix} & \begin{vmatrix} 1 & 2 \\ 0 & 1 \end{vmatrix} \\ -\begin{vmatrix} 1 & 1 \\ 2 & 0 \end{vmatrix} & \begin{vmatrix} 0 & 2 \\ 2 & 0 \end{vmatrix} & -\begin{vmatrix} 0 & 2 \\ 1 & 1 \end{vmatrix} \\ \begin{vmatrix} 1 & 0 \\ 2 & 1 \end{vmatrix} & -\begin{vmatrix} 0 & 1 \\ 2 & 1 \end{vmatrix} & \begin{vmatrix} 0 & 1 \\ 1 & 0 \end{vmatrix} \end{pmatrix} = \frac{1}{4}\begin{pmatrix} -1 & 2 & 1 \\ 2 & -4 & 2 \\ 1 & 2 & -1 \end{pmatrix}$$

演習 4.16　次の行列に逆行列があればそれを求めよ.

(1) $\begin{pmatrix} 1 & 1 & 0 & 0 \\ 0 & 1 & 1 & 0 \\ 0 & 0 & 1 & 1 \\ 0 & 0 & 0 & 1 \end{pmatrix}$ (2) $\begin{pmatrix} 1 & 3 & 5 \\ 2 & 3 & 4 \\ 3 & 2 & 1 \end{pmatrix}$ (3) $\begin{pmatrix} 1 & 1 & 2 \\ 2 & 3 & 3 \\ 4 & 4 & 5 \end{pmatrix}$

連立 1 次方程式の解法とクラメールの公式

連立 1 次方程式は（3.1）式から $A\boldsymbol{x}=\boldsymbol{b}$ と書けるので, A^{-1} が存在するとき

$$\boldsymbol{x}=A^{-1}\boldsymbol{b}$$

を計算すれば解 $\boldsymbol{x}$ を求めることができる.

これを余因子行列で書くと,

$$\boldsymbol{x}=\frac{1}{|A|}\tilde{A}\boldsymbol{b}$$

未知数を x_1, x_2, …, x_n とすると, 第 i 成分は

$$x_i=\frac{1}{|A|}\sum_{j=1}^{n}(\tilde{A})_{ij}b_j=\frac{1}{|A|}\sum_{j=1}^{n}\tilde{a}_{ji}b_j$$

となる．$\sum_{j=1}^{n} \tilde{a}_{ij} b_j$は（4.7.1）式が（4.7.2）式に等しいのと同様に $|A|$ の第 i 列を$\begin{pmatrix} b_1 \\ b_2 \\ \vdots \\ b_n \end{pmatrix}$で置き換えた行列式と一致する．したがって，

$$x_i = \frac{\begin{vmatrix} a_{11} & a_{12} & \cdots & b_1 & \cdots & a_{1n} \\ a_{21} & a_{22} & \cdots & b_2 & \cdots & a_{2n} \\ \vdots & \vdots & \ddots & \vdots & \ddots & \vdots \\ a_{n1} & a_{n2} & \cdots & b_n & \cdots & a_{nn} \end{vmatrix}}{\begin{vmatrix} a_{11} & a_{12} & \cdots & a_{1n} \\ a_{21} & a_{22} & \cdots & a_{2n} \\ \vdots & \vdots & \ddots & \vdots \\ a_{n1} & a_{n2} & \cdots & a_{nn} \end{vmatrix}}$$

この公式を**クラメールの公式**という．

例題 4.17 次の連立方程式をクラメールの公式を使って解け．

$$\begin{cases} x-2y-2z=-9 \\ 2x-y+2z=6 \\ 3x-2y+z=2 \end{cases}$$

（解） 係数行列の行列式は$\begin{vmatrix} 1 & -2 & -2 \\ 2 & -1 & 2 \\ 3 & -2 & 1 \end{vmatrix}=-3$

第１列を右辺で置き換えた行列式は$\begin{vmatrix} -9 & -2 & -2 \\ 6 & -1 & 2 \\ 2 & -2 & 1 \end{vmatrix}=-3$

第２列を右辺で置き換えた行列式は$\begin{vmatrix} 1 & -9 & -2 \\ 2 & 6 & 2 \\ 3 & 2 & 1 \end{vmatrix}=-6$

第3列を右辺で置き換えた行列式は$\begin{vmatrix} 1 & -2 & -9 \\ 2 & -1 & 6 \\ 3 & -2 & 2 \end{vmatrix} = -9$

よって,

$$x = \frac{-3}{-3} = 1, \quad y = \frac{-6}{-3} = 2, \quad z = \frac{-9}{-3} = 3$$

$\underline{x = 1, \quad y = 2, \quad z = 3}$

演習 4.17 次の連立方程式をクラメールの公式を使って解け.

$$\begin{cases} x + 2y + 2z = 2 \\ 2x + y + 2z = 3 \\ 2x + 2y + z = 5 \end{cases}$$

章末問題

4.1 次の行列式の方程式を解け．

(1) $\begin{vmatrix} x & 1 & 2 \\ 1 & x & 1 \\ 2 & 1 & x \end{vmatrix} = 0$ (2) $\begin{vmatrix} x+2 & 1 & 1 \\ 1 & x+2 & 1 \\ -1 & 1 & x+2 \end{vmatrix} = 0$

4.2 次の行列式の値を求めよ．

$$\begin{vmatrix} 0 & 1 & 2 & 3 & 4 \\ 1 & 0 & 1 & 2 & 3 \\ 2 & 1 & 0 & 1 & 2 \\ 3 & 2 & 1 & 0 & 1 \\ 4 & 3 & 2 & 1 & 0 \end{vmatrix}$$

4.3 次の式を示せ．

$$\begin{vmatrix} 2x & x+1 & 0 & 0 \\ x-1 & 2x & x+1 & 0 \\ 0 & x-1 & 2x & x+1 \\ 0 & 0 & x-1 & 2x \end{vmatrix} = \frac{1}{2}\left\{(x+1)^5 - (x-1)^5\right\}$$

4.4 次の行列式の値を因数分解の形で求めよ．

$$\begin{vmatrix} 1 & 1 & 1 & 1 \\ x & y & z & w \\ x^2 & y^2 & z^2 & w^2 \\ x^3 & y^3 & z^3 & w^3 \end{vmatrix}$$

4.5 n 次の行列 A, B, C, O について，A, C は正則行列で，O は零行列である．$2n$ 次行列 $\begin{pmatrix} A & B \\ O & C \end{pmatrix}$ の逆行列を $\begin{pmatrix} A' & B' \\ O' & C' \end{pmatrix}$ とする．n 次の行列 A', B', C' を A, B, C で表せ．

4.6 3 次の行列 A について，$A = \begin{pmatrix} {}^t\boldsymbol{a} \\ {}^t\boldsymbol{b} \\ {}^t\boldsymbol{c} \end{pmatrix}$ ならば，

$(\boldsymbol{b}\times\boldsymbol{c} \quad \boldsymbol{c}\times\boldsymbol{a} \quad \boldsymbol{a}\times\boldsymbol{b})$ は A の余因子行列 $\tilde{A}$ であること，

および $A\tilde{A} = |A|E$（E は単位行列）であること，を確かめよ．

第5章

固有値，固有ベクトル

5.1　固有値と固有ベクトル

n 次元ベクトル空間

第2章までで平面，空間のベクトルと一次変換を扱ってきた．ここでいよいよ n 次元空間について考えることにする．

4次元空間というと4次元目が時間を表すと思う人もいるかもしれない．それはアインシュタインの相対性原理がそのように扱っているからなのだが，数学的にはもっと自由に考えてよい．そのことにあまりこだわるとかえって見えにくくなる．

平面が2次元，空間が3次元，その延長上に n 次元があると考えたほうが素直である．

ただ残念ながら，我々は3次元空間の住人なので，4次元以上を視覚的にとらえることをあきらめなければならない．ただ，n 次元空間の一部分は空間に対する平面のように切り出すことができるので，我々は切り出された空間を視覚的にとらえることが可能である．

n 次元ベクトルの集合を **n 次元ベクトル空間**という．

ベクトル空間の部分空間

（3次元）空間に対して直線，平面は空間の一部分をなす．以下ではそのうち原点を含むものだけを考える．空間内にはそのようなものは無数にある．平面は

$$s\boldsymbol{a}+t\boldsymbol{b} \qquad (s,\ t \text{ は実数全体})$$

のような形で表されるベクトル全体である．また直線は $k\boldsymbol{a}$ の形で表される．

これと同じように n 次元空間内のいくつかのベクトル $\boldsymbol{a}$，$\boldsymbol{b}$，…，$\boldsymbol{c}$ の一

次結合

$$s\boldsymbol{a}+t\boldsymbol{b}+\cdots+u\boldsymbol{c} \qquad (s,\ t,\ \cdots,\ u\ \text{は実数})$$

によって表されるベクトル全体は1つの空間をなす．このような空間を $\boldsymbol{a}, \boldsymbol{b}, \cdots, \boldsymbol{c}$ で**張られる空間**という．また，この空間は n 次元空間の一部分（または全体）をなすからこれを**部分空間**という．

n 次元ベクトルの一次独立と一次従属

（3 次元）空間で，$s\boldsymbol{a}+t\boldsymbol{b}$ と書けるベクトル全体でも，$\boldsymbol{a}$ と $\boldsymbol{b}$ が平行だと，このベクトル全体は直線になり，そうでないと平面をなす．また，$s\boldsymbol{a}+t\boldsymbol{b}+u\boldsymbol{c}$ と書けるベクトル全体は場合によって平面や直線になる．その違いは直観的に原点 O と $\boldsymbol{a}$，$\boldsymbol{b}$，$\boldsymbol{c}$ の終点 A($\boldsymbol{a}$)，B($\boldsymbol{b}$)，C($\boldsymbol{c}$) が同一平面上にあるかどうか，つまり，$\boldsymbol{a}$，$\boldsymbol{b}$，$\boldsymbol{c}$ が一次独立かどうかで決まることがわかる．

3 次元空間は我々になじみ深いからこのように直観的な説明が可能だが，n 次元空間ともなるとそのような直観的な表現は通用しなくなる．したがって，一次独立，一次従属を数学的に定義し直さなければならない．

> m 個のベクトル $\boldsymbol{a}_1$，$\boldsymbol{a}_2$，$\cdots$，$\boldsymbol{a}_m$ が一次独立であるとは次の関係が成り立つことである．
>
> $$s_1\boldsymbol{a}_1+s_2\boldsymbol{a}_2+\cdots+s_m\boldsymbol{a}_m=\boldsymbol{0} \iff s_1=s_2=\cdots=s_m=0 \tag{5.1}$$

この式の意味は $s_1\boldsymbol{a}+s_2\boldsymbol{a}_2+\cdots+s_n\boldsymbol{a}_n=\boldsymbol{0}$ となるのは $s_1=s_2=\cdots=s_n=0$ のときだけであるということである．

⇐ は明らかだから ⇒が重要である．

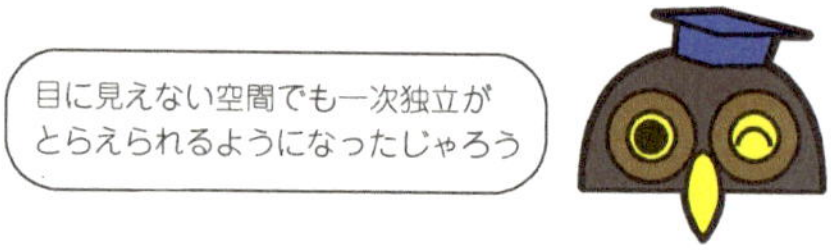

目に見えない空間でも一次独立が
とらえられるようになったじゃろう

3 次元空間の 3 つのベクトルが

$$s\boldsymbol{a}+t\boldsymbol{b}+u\boldsymbol{c}=\boldsymbol{0}$$

と表される場合を考える．例えば $s\neq 0$ のとき，$\boldsymbol{a}=-\dfrac{t}{s}\boldsymbol{b}-\dfrac{u}{s}\boldsymbol{c}$ と書けて，$\boldsymbol{a}, \boldsymbol{b}, \boldsymbol{c}$ は 1 つの平面内で表すことができるから，一次従属である．また，$\boldsymbol{a}$，$\boldsymbol{b}$，$\boldsymbol{c}$ が同一平面上にないとき，つまりこれらが一次独立のときは $s=t=u=0$ でなければならないことがわかる．

(5.1) 式が成り立つとき，$\boldsymbol{a}_1$，$\boldsymbol{a}_2$，$\cdots$，$\boldsymbol{a}_m$ は**一次独立**であるといい，そうでないとき $\boldsymbol{a}_1$，$\boldsymbol{a}_2$，$\cdots$，$\boldsymbol{a}_m$ は**一次従属**であるという．一次従属のときどれかのベクトルは他のベクトルの一次結合で表される．

例題 5.1 3つのベクトル

$$\boldsymbol{a}=\begin{pmatrix}1\\2\\3\end{pmatrix},\quad \boldsymbol{b}=\begin{pmatrix}2\\3\\1\end{pmatrix},\quad \boldsymbol{c}=\begin{pmatrix}3\\4\\-1\end{pmatrix}$$ は一次独立であるかどうか

調べよ．

（解） $s\boldsymbol{a}+t\boldsymbol{b}+u\boldsymbol{c}=\boldsymbol{0}$ とおくと，

$$s\begin{pmatrix}1\\2\\3\end{pmatrix}+t\begin{pmatrix}2\\3\\1\end{pmatrix}+u\begin{pmatrix}3\\4\\-1\end{pmatrix}=\begin{pmatrix}s+2t+3u\\2s+3t+4u\\3s+t-u\end{pmatrix}=\begin{pmatrix}0\\0\\0\end{pmatrix}$$

$\begin{cases}s+2t+3u=0\\2s+3t+4u=0\\3s+\ \ t-\ \ u=0\end{cases}$ を解くと，$t=-2s$，$u=s$ となり，$\boldsymbol{a}-2\boldsymbol{b}+\boldsymbol{c}=\boldsymbol{0}$ となる

から，$\boldsymbol{a}$，$\boldsymbol{b}$，$\boldsymbol{c}$ は一次従属である．

（注 1） $\boldsymbol{a}$ をスカラー倍しても $\boldsymbol{b}$，$\boldsymbol{c}$ にはならず，$\boldsymbol{b}$ をスカラー倍しても $\boldsymbol{c}$ にはならない．したがって，$\boldsymbol{a}$ と $\boldsymbol{b}$，$\boldsymbol{b}$ と $\boldsymbol{c}$，$\boldsymbol{c}$ と $\boldsymbol{a}$ はそれぞれ一次独立．

（注 2） 行列（$\boldsymbol{a}\ \ \boldsymbol{b}\ \ \boldsymbol{c}$）のランクは 2 である．

一般に行列（$\boldsymbol{a}_1\ \ \boldsymbol{a}_2\ \ \cdots\ \ \boldsymbol{a}_m$）のランクは $\boldsymbol{a}_1$，$\boldsymbol{a}_2$，$\cdots$，$\boldsymbol{a}_m$ のうちの一次独立なベクトルの最大個数を表す．

演習 5.1 4つのベクトル

$$\boldsymbol{a}=\begin{pmatrix}1\\2\\2\\1\end{pmatrix},\quad \boldsymbol{b}=\begin{pmatrix}2\\3\\4\\1\end{pmatrix},\quad \boldsymbol{c}=\begin{pmatrix}3\\4\\4\\3\end{pmatrix},\quad \boldsymbol{d}=\begin{pmatrix}3\\3\\2\\4\end{pmatrix}$$ は一次独立であるかどうか調べよ．

一次従属であるときは，最大何個のベクトルが一次独立になるか調べよ．

正則と一次独立

n 個の n 次元ベクトルを並べてできる n 次行列が正則であるための必要十分条件は，n 個のベクトルが一次独立であることである．

例えば3個の3次元ベクトル $\boldsymbol{a}=\begin{pmatrix}a_1\\a_2\\a_3\end{pmatrix}$, $\boldsymbol{b}=\begin{pmatrix}b_1\\b_2\\b_3\end{pmatrix}$, $\boldsymbol{c}=\begin{pmatrix}c_1\\c_2\\c_3\end{pmatrix}$

を横に並べた行列を $A=\begin{pmatrix}a_1 & b_1 & c_1\\a_2 & b_2 & c_2\\a_3 & b_3 & c_3\end{pmatrix}$ とする．このとき，

$$s\boldsymbol{a}+t\boldsymbol{b}+u\boldsymbol{c}=s\begin{pmatrix}a_1\\a_2\\a_3\end{pmatrix}+t\begin{pmatrix}b_1\\b_2\\b_3\end{pmatrix}+u\begin{pmatrix}c_1\\c_2\\c_3\end{pmatrix}$$

$$=\begin{pmatrix}sa_1+tb_1+uc_1\\sa_2+tb_2+uc_2\\sa_3+tb_3+uc_3\end{pmatrix}=\begin{pmatrix}a_1 & b_1 & c_1\\a_2 & b_2 & c_2\\a_3 & b_3 & c_3\end{pmatrix}\begin{pmatrix}s\\t\\u\end{pmatrix}$$ である．

ここで，$\boldsymbol{v}=\begin{pmatrix}s\\t\\u\end{pmatrix}$ とする．

A が正則なら A^{-1} が存在するから，$s\boldsymbol{a}+t\boldsymbol{b}+u\boldsymbol{c}=A\boldsymbol{v}=\boldsymbol{0}$ なら，$\boldsymbol{v}=\boldsymbol{0}$ すなわち $s=t=u=0$ となり，$\boldsymbol{a}$，$\boldsymbol{b}$，$\boldsymbol{c}$ は一次独立．

A が正則でなければ，A^{-1} は存在しないから連立1次方程式

$\begin{cases}sa_1+tb_1+uc_1=0\\sa_2+tb_2+uc_2=0\\sa_3+tb_3+uc_3=0\end{cases}$ は自明でない解，すなわち $s=t=u=0$ 以外の解をもち，$\boldsymbol{a}$，$\boldsymbol{b}$，$\boldsymbol{c}$ は一次従属である．

よって，A が正則 $\iff$ $\boldsymbol{a}$，$\boldsymbol{b}$，$\boldsymbol{c}$ は一次独立

一般の n 次の場合も同様である．（証明終）

n 次元空間と一次変換

一次変換の定義は（2.3）式と同様に定義される．n 次元ベクトル $\boldsymbol{x}$ に n 次行列 A を掛けたものが $\boldsymbol{x}'=A\boldsymbol{x}$ となるとき，$\boldsymbol{x}$ を $\boldsymbol{x}'$ に対応する写像 f を**行列 A で表された一次変換**という．

固有値，固有ベクトル

$\boldsymbol{0}$ でないベクトル $\boldsymbol{v}$ に行列 A を作用させた結果 $A\boldsymbol{v}$ が平行なとき，つまり $\boldsymbol{v}$ のスカラー倍になるとき，すなわち

$$A\boldsymbol{v}=\lambda\boldsymbol{v} \tag{5.2}$$

となるとき，ベクトル $\boldsymbol{v}$ を行列 A の**固有ベクトル**，スカラー λ を A の**固有値**という．

固有値の求め方

$A\boldsymbol{v}=\lambda\boldsymbol{v}$ を移項すると，

$$(\lambda E-A)\boldsymbol{v}=\boldsymbol{0}\quad (E\text{ は単位行列})$$

となる．ここで $\lambda E-A$ が逆行列をもつとすると，$\boldsymbol{v}=(\lambda E-A)^{-1}\boldsymbol{0}=\boldsymbol{0}$ となるが，これは $\boldsymbol{v}\neq\boldsymbol{0}$ であることと矛盾する．よって，$\lambda E-A$ は逆行列はもたないので，

$$|\lambda E-A|=0 \tag{5.3}$$

が成り立つ．

例題 5.2 行列 $A=\begin{pmatrix}1 & 2\\ 4 & 3\end{pmatrix}$ の固有値を求めよ．

（解） $\lambda E-A=\begin{pmatrix}\lambda-1 & -2\\ -4 & \lambda-3\end{pmatrix}$ から

$$\begin{vmatrix}\lambda-1 & -2\\ -4 & \lambda-3\end{vmatrix}=(\lambda-1)(\lambda-3)-2\cdot 4=\lambda^2-4\lambda-5=(\lambda-5)(\lambda+1)=0$$

よって，$\underline{\lambda=5,\ -1}$．これらが $A=\begin{pmatrix}1 & 2\\ 4 & 3\end{pmatrix}$ の固有値である．

演習 5.2 次の行列の固有値を求めよ．

(1) $\begin{pmatrix}2 & 3\\ 1 & 4\end{pmatrix}$　(2) $\begin{pmatrix}1 & 2\\ -1 & 4\end{pmatrix}$

(3) $\begin{pmatrix}3 & -1\\ 1 & 1\end{pmatrix}$　(4) $\begin{pmatrix}1 & -1 & -1\\ -2 & 1 & -2\\ 2 & 1 & 4\end{pmatrix}$

(5) $\begin{pmatrix}2 & 0 & 1\\ 0 & 3 & 0\\ 1 & 0 & 2\end{pmatrix}$　(6) $\begin{pmatrix}2 & 1 & 1\\ 1 & 2 & 1\\ -1 & -1 & 0\end{pmatrix}$

一般にAがn次の行列なら，$|\lambda E-A|$はλのn次多項式であり，(5.3)式はλのn次方程式になる．$|\lambda E-A|$を$g_A(\lambda)$とおくとき，$g_A(\lambda)$をAの**固有多項式**といい，$g_A(\lambda)=0$，つまり(5.3)式を**固有方程式**という．固有値は固有方程式の解である．

なお，行列Aが実数を成分とする行列であっても固有値が虚数になることもあることを注意しておく．

固有ベクトルの求め方

固有値の1つをλ_iとすると，λ_iに対して固有ベクトル$\boldsymbol{v}_i$が定まる．固有ベクトルを求めるには，

$$(\lambda_i E-A)\boldsymbol{v}_i=\boldsymbol{0}$$

を$\boldsymbol{v}_i$について解けばよい．

(5.3)式の解λ_iに対して，$(\lambda_i E-A)\boldsymbol{v}_i=\boldsymbol{0}$は$\boldsymbol{v}_i$の$n$個の成分についての連立1次方程式になる．$|\lambda_i E-A|=0$だから，行列$\lambda_i E-A$は逆行列をもたない．したがって，$\mathrm{rank}(\lambda_i E-A)<n$であるから，**3.2**節(p.72以下)で学習したようにこの方程式の自由度$n-\mathrm{rank}(\lambda_i E-A)$は正になり，この方程式は自明でない解をもつ．$\boldsymbol{v}_i$の自明でない解が固有ベクトルである．

例題 5.3　行列$A=\begin{pmatrix}1 & -1\\ 2 & 4\end{pmatrix}$の固有値および固有ベクトルを求めよ．

(解)　$|\lambda E-A|=\begin{vmatrix}\lambda-1 & 1\\ -2 & \lambda-4\end{vmatrix}=\lambda^2-5\lambda+6=(\lambda-2)(\lambda-3)=0$

から，固有値は2，3.

(i)　$\lambda=2$のとき，固有ベクトルを$\boldsymbol{v}=\begin{pmatrix}x\\ y\end{pmatrix}$とおくと，

$$(A-2E)\boldsymbol{v}=\begin{pmatrix}-1 & -1\\ 2 & 2\end{pmatrix}\begin{pmatrix}x\\ y\end{pmatrix}=\begin{pmatrix}-(x+y)\\ 2(x+y)\end{pmatrix}=\boldsymbol{0}$$

であるので，$x=t$とおくと，$y=-t$．よって，固有値2に対する固有ベクトルは

$$\boldsymbol{v}=t\begin{pmatrix}1\\-1\end{pmatrix}\quad (t \text{ は } 0 \text{ でない数})$$

(ii) $\lambda=3$ のとき，固有ベクトルを $\boldsymbol{v}=\begin{pmatrix}x\\y\end{pmatrix}$ とおくと，

$$(A-3E)\boldsymbol{v}=\begin{pmatrix}-2&-1\\2&1\end{pmatrix}\begin{pmatrix}x\\y\end{pmatrix}=\begin{pmatrix}-(2x+y)\\(2x+y)\end{pmatrix}=\boldsymbol{0}$$

であるので，$y=t$ とおくと，$x=-2t$．よって，固有値 3 に対する固有ベクトルは

$$\boldsymbol{v}=t\begin{pmatrix}-2\\1\end{pmatrix}\quad (t \text{ は } 0 \text{ でない数})$$

演習 5.3 行列 $A=\begin{pmatrix}1&-2&2\\-1&0&2\\-1&1&1\end{pmatrix}$ の固有値および固有ベクトルを求めよ．

固有ベクトルに平行なベクトルも固有ベクトル

一般に，$\boldsymbol{v}_i$ が固有値 λ_i の固有ベクトルなら，それに平行なベクトル $k\boldsymbol{v}_i (k \neq 0)$ も固有値 λ_i の固有ベクトルである．

(証明) $\boldsymbol{v}_i$ が固有値 λ_i の固有ベクトルだから

$$A\boldsymbol{v}_i=\lambda_i\boldsymbol{v}_i \quad (\boldsymbol{v}_i \neq \boldsymbol{0})$$

このとき，$\boldsymbol{v}'_i=k\boldsymbol{v}_i \ (k\neq 0)$ とおくと，

$$A\boldsymbol{v}'_i=Ak\boldsymbol{v}_i=k\lambda\boldsymbol{v}_i=\lambda\boldsymbol{v}'_i \quad (\boldsymbol{v}'_i\neq\boldsymbol{0})$$

よって，$\boldsymbol{v}'_i$ も行列 A の固有値 λ_i の固有ベクトルである．（証明終）

したがって固有ベクトルは向きだけが決まり，大きさは定義されない．

このことを前提とすると，例題 5.3 の行列の固有ベクトルは $\begin{pmatrix}1\\-1\end{pmatrix}$ と $\begin{pmatrix}-2\\1\end{pmatrix}$ であるといって差し支えない．すなわち，同じ向きのベクトルの中で 1 つを代表として取り上げ，0 でない定数を省略してもよい．

例題 5.2 の $A=\begin{pmatrix}1&2\\4&3\end{pmatrix}$ について考えてみよう．固有値は 5，-1 だった．

固有値が 5 のとき，固有ベクトル $\boldsymbol{v}_1=\begin{pmatrix}x\\y\end{pmatrix}$ は

$$(5E-A)\boldsymbol{v}_1=\left\{5\begin{pmatrix}1&0\\0&1\end{pmatrix}-\begin{pmatrix}1&2\\4&3\end{pmatrix}\right\}\begin{pmatrix}x\\y\end{pmatrix}$$
$$=\begin{pmatrix}4x-2y\\-4x+2y\end{pmatrix}=\begin{pmatrix}0\\0\end{pmatrix}$$

の解である．よって，$y=2x \quad x=t$ とおくと，$\boldsymbol{v}_1=\begin{pmatrix}t\\2t\end{pmatrix}=t\begin{pmatrix}1\\2\end{pmatrix}$である．

$\boldsymbol{v}_1 \neq \boldsymbol{0}$ だから $t \neq 0$ であるがこれ以上 $\boldsymbol{v}_1$ を定めることはできない．

固有値が -1 のときも同様にして，固有ベクトル $\boldsymbol{v}_2=t\begin{pmatrix}1\\-1\end{pmatrix}$ $(t \neq 0)$ が定まる．

$\boldsymbol{v}=\boldsymbol{0}$ のときにはつねに（5.2）式をみたすが固有ベクトルに含めない．

相異なる固有値の固有ベクトルは一次独立である．

（証明） n 個の固有値について成り立つことを数学的帰納法により証明する．

（Ⅰ） $n=1$ のときは自明である．

（Ⅱ） $n=k$ のとき，相異なる固有値の固有ベクトルは一次独立であるとする．

固有値 λ_1，λ_2，$\cdots$，λ_k，λ_{k+1} が相異なるとき，それらに対応する固有ベクトルを $\boldsymbol{v}_1$，$\boldsymbol{v}_2$，$\cdots$，$\boldsymbol{v}_k$，$\boldsymbol{v}_{k+1}$ とする．

k 個の異なる固有値，λ_1，λ_2，$\cdots$，λ_k に対する固有ベクトル $\boldsymbol{v}_1$，$\boldsymbol{v}_2$，$\cdots$，$\boldsymbol{v}_k$ は仮定から一次独立である．

$\boldsymbol{v}_{k+1}$ が $\boldsymbol{v}_1$，$\boldsymbol{v}_2$，$\cdots$，$\boldsymbol{v}_k$ に対して一次従属なら，

$$\boldsymbol{v}_{k+1} = c_1\boldsymbol{v}_1 + c_2\boldsymbol{v}_2 + \cdots + c_k\boldsymbol{v}_k$$

と書ける．このとき，

$$A\boldsymbol{v}_{k+1}=\lambda_{k+1}\boldsymbol{v}_{k+1}=\lambda_{k+1}c_1\boldsymbol{v}_1+\lambda_{k+1}c_2\boldsymbol{v}_2+\cdots+\lambda_{k+1}c_k\boldsymbol{v}_k$$

一方，

$$A\boldsymbol{v}_{k+1}=A(c_1\boldsymbol{v}_1+c_2\boldsymbol{v}_2+\cdots+c_k\boldsymbol{v}_k)=\lambda_1c_1\boldsymbol{v}_1+\lambda_2c_2\boldsymbol{v}_2+\cdots+\lambda_kc_k\boldsymbol{v}_k$$

$\boldsymbol{v}_1$，$\boldsymbol{v}_2$，$\cdots$，$\boldsymbol{v}_k$ は一次独立だから，

$$\lambda_{k+1}c_1=\lambda_1c_1,\ \lambda_{k+1}c_2=\lambda_2c_2,\ \cdots,\ \lambda_{k+1}c_k=\lambda_kc_k$$

$\lambda_{k+1} \neq \lambda_1$ だから，$c_1=0$，$\lambda_{k+1} \neq \lambda_2$ だから，$c_2=0$，$\cdots$，$\lambda_{k+1} \neq \lambda k$ だから，$c_k=0$.

よって，$\boldsymbol{v}_{k+1}=\boldsymbol{0}$．ところがこれは $\boldsymbol{v}_{k+1}$ が固有ベクトルであることに矛盾する．よって，$\boldsymbol{v}_1$，$\boldsymbol{v}_2$，$\cdots$，$\boldsymbol{v}_k$，$\boldsymbol{v}_{k+1}$ は一次独立である．

（Ⅰ），（Ⅱ）から，相異なる固有値の固有ベクトルは一次独立である．（証明終）

したがって，n 次行列が n 個の相異なる固有値をもつなら，n 個の一次独立な固有ベクトルをもつ．

しかし，n 次行列の固有方程式が重解をもつときには一次独立な固有ベクトルが n 個より少ないことがある．

例題 5.4　行列 $A=\begin{pmatrix} 0 & 1 \\ -1 & 2 \end{pmatrix}$ の固有値および固有ベクトルを求めよ．

（解）　$|\lambda E-A|=\begin{vmatrix} \lambda & -1 \\ 1 & \lambda-2 \end{vmatrix}=\lambda^2-2\lambda+1=(\lambda-1)^2=0$ から，固有値は 1．

$\lambda=1$ から，固有ベクトルを $\boldsymbol{v}=\begin{pmatrix} x \\ y \end{pmatrix}$ とおくと，

$$(A-E)\boldsymbol{v}=\begin{pmatrix} -1 & 1 \\ -1 & 1 \end{pmatrix}\begin{pmatrix} x \\ y \end{pmatrix}=\begin{pmatrix} -x+y \\ -x+y \end{pmatrix}=\boldsymbol{0}$$

となるから，$x=t$ とおくと，$y=t$．よって，固有値は 1 で固有ベクトルは

$\boldsymbol{v}=t\begin{pmatrix} 1 \\ 1 \end{pmatrix}$　（t は 0 でない数）

（注）　固有方程式が重解をもつとき，固有ベクトルの個数が行列の次数より小さいことがある．

演習 5.4　行列 $A=\begin{pmatrix} 0 & 2 & -1 \\ -1 & 3 & -1 \\ -1 & 2 & 0 \end{pmatrix}$ の固有値および固有ベクトルを求めよ．

5.2 対角化，標準化

対角行列

行列の成分のうち$\begin{pmatrix} a & 0 & 0 \\ 0 & b & 0 \\ 0 & 0 & c \end{pmatrix}$のように（1，1）成分，（2，2）成分，…，（$n$，$n$）成分以外がすべて0である行列を**対角行列**という．

対角行列の和，積は対角成分どうしの和，積になる．また対角行列どうしは交換可能である．

例えば，$A=\begin{pmatrix} a & 0 \\ 0 & b \end{pmatrix}$，$B=\begin{pmatrix} c & 0 \\ 0 & d \end{pmatrix}$のとき，

$$A+B=\begin{pmatrix} a+c & 0 \\ 0 & b+d \end{pmatrix}, \quad AB=\begin{pmatrix} ac & 0 \\ 0 & bd \end{pmatrix}$$

対角成分がすべて等しいとき，単位行列のスカラー倍になる．このような行列を**スカラー行列**という．たとえば

$$\begin{pmatrix} a & 0 \\ 0 & a \end{pmatrix}, \quad \begin{pmatrix} a & 0 & 0 \\ 0 & a & 0 \\ 0 & 0 & a \end{pmatrix}$$

はスカラー行列である．

対角化

n次行列の独立な固有ベクトルはn個以下あるが，必ずしもn個あるとは限らない．

n次行列Aの独立な固有ベクトルがn個あるとき，それらを$\boldsymbol{v}_1$，$\boldsymbol{v}_2$，…，$\boldsymbol{v}_n$とし，対応する固有値をλ_1，λ_2，…，λ_nとする．このときn個の固有ベクトルを横に並べた行列

$$P=(\boldsymbol{v}_1 \quad \boldsymbol{v}_2 \quad \cdots \quad \boldsymbol{v}_n)$$

はn次行列である．

このPに対して，

$$AP=A(\boldsymbol{v}_1 \quad \boldsymbol{v}_2 \quad \cdots \quad \boldsymbol{v}_n)=(\lambda_1\boldsymbol{v}_1 \quad \lambda_2\boldsymbol{v}_2 \quad \cdots \quad \lambda_n\boldsymbol{v}_n)$$

$$=(\boldsymbol{v}_1 \quad \boldsymbol{v}_2 \quad \cdots \quad \boldsymbol{v}_n)\begin{pmatrix} \lambda_1 & & & O \\ & \lambda_2 & & \\ & & \ddots & \\ O & & & \lambda_n \end{pmatrix}=PD$$

となる．ここで，D は対角行列で，$D=\begin{pmatrix} \lambda_1 & & & O \\ & \lambda_2 & & \\ & & \ddots & \\ O & & & \lambda_n \end{pmatrix}$

$\boldsymbol{v}_1$，$\boldsymbol{v}_2$，$\cdots$，$\boldsymbol{v}_n$ は一次独立だから P は逆行列をもつ．

この結果 $P^{-1}AP=D$（D は対角行列）のように表される．この変形を**行列 A の対角化**という．

逆に $A=P^{-1}DP$ とも表される．

行列 A が対角化できるためには n 個の独立な固有ベクトルが存在することが必要十分である．このとき，A は**対角化可能**であるという．A が異なる n 個の固有値をもつときは，それらに対する固有ベクトルは一次独立だから，A は n 個の一次独立な固有ベクトルをもつ．したがって，A は対角化可能である．

また，対称行列は必ず対角化可能である．（この証明は本書では扱わない）

例題 5.5

次の行列を対角化せよ．$A=\begin{pmatrix} 1 & -3 & 3 \\ -2 & 0 & 2 \\ 1 & -1 & 3 \end{pmatrix}$

（解） 固有方程式は

$$\begin{vmatrix} \lambda-1 & 3 & -3 \\ 2 & \lambda & -2 \\ -1 & 1 & \lambda-3 \end{vmatrix}=\lambda^3-4\lambda^2-4\lambda+16=(\lambda-2)(\lambda-4)(\lambda+2)=0$$

よって，固有値は 2，4，-2．

それぞれに対する固有ベクトルは，$\begin{pmatrix} 0 \\ 1 \\ 1 \end{pmatrix}$，$\begin{pmatrix} 1 \\ 0 \\ 1 \end{pmatrix}$，$\begin{pmatrix} 1 \\ 1 \\ 0 \end{pmatrix}$

$P=\begin{pmatrix} 0 & 1 & 1 \\ 1 & 0 & 1 \\ 1 & 1 & 0 \end{pmatrix}$ とすると，$P^{-1}=\dfrac{1}{2}\begin{pmatrix} -1 & 1 & 1 \\ 1 & -1 & 1 \\ 1 & 1 & -1 \end{pmatrix}$．よって，

$$P^{-1}AP=\frac{1}{2}\begin{pmatrix} -1 & 1 & 1 \\ 1 & -1 & 1 \\ 1 & 1 & -1 \end{pmatrix}\begin{pmatrix} 1 & -3 & 3 \\ -2 & 0 & 2 \\ 1 & -1 & 3 \end{pmatrix}\begin{pmatrix} 0 & 1 & 1 \\ 1 & 0 & 1 \\ 1 & 1 & 0 \end{pmatrix}$$

$$=\begin{pmatrix} 2 & 0 & 0 \\ 0 & 4 & 0 \\ 0 & 0 & -2 \end{pmatrix}$$

演習 5.5　次の行列を対角化せよ．$A=\begin{pmatrix} 2 & 1 \\ 3 & 4 \end{pmatrix}$

m 乗計算

対角化を用いると，A^m（m は自然数）を容易に計算できる．

$$A^m=(PDP^{-1})^m=\underbrace{(PDP^{-1})(PDP^{-1})\cdots(PDP^{-1})}_{m\text{個}}$$

$$=P\underbrace{D(P^{-1}P)D(P^{-1}P)\cdots D(P^{-1}P)}_{(m-1)\text{個}}DP^{-1}$$

$$=P\underbrace{DD\cdots D}_{m\text{個}}P^{-1}=PD^mP^{-1}$$

$$D=\begin{pmatrix} \lambda_1 & & & O \\ & \lambda_2 & & \\ & & \ddots & \\ O & & & \lambda_n \end{pmatrix}\text{ から，}D^m=\begin{pmatrix} {\lambda_1}^m & & & O \\ & {\lambda_2}^m & & \\ & & \ddots & \\ O & & & {\lambda_n}^m \end{pmatrix}$$

が容易に導かれ，A^m が求められる．

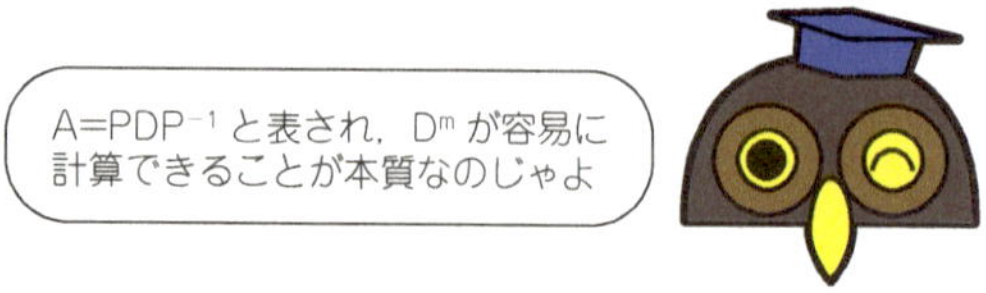

例題 5.6 $A=\begin{pmatrix} 1 & -3 & 3 \\ -2 & 0 & 2 \\ 1 & -1 & 3 \end{pmatrix}$ （**例題 5.5** の行列）を n 乗せよ．

（解） $P^{-1}AP=\begin{pmatrix} 2 & 0 & 0 \\ 0 & 4 & 0 \\ 0 & 0 & -2 \end{pmatrix}=D$ とおくと，

$$A^n=(PDP^{-1})^n = PD^nP^{-1}$$

$$=\begin{pmatrix} 0 & 1 & 1 \\ 1 & 0 & 1 \\ 1 & 1 & 0 \end{pmatrix}\begin{pmatrix} 2^n & 0 & 0 \\ 0 & 4^n & 0 \\ 0 & 0 & (-2)^n \end{pmatrix}\left\{\frac{1}{2}\begin{pmatrix} -1 & 1 & 1 \\ 1 & -1 & 1 \\ 1 & 1 & -1 \end{pmatrix}\right\}$$

$$=\begin{pmatrix} 2\cdot 4^{n-1}-(-2)^{n-1} & -2\cdot 4^{n-1}-(-2)^{n-1} & 2\cdot 4^{n-1}+(-2)^{n-1} \\ -2^{n-1}-(-2)^{n-1} & 2^{n-1}-(-2)^{n-1} & 2^{n-1}+(-2)^{n-1} \\ -2^{n-1}+2\cdot 4^{n-1} & 2^{n-1}-2\cdot 4^{n-1} & 2^{n-1}+2\cdot 4^{n-1} \end{pmatrix}$$

演習 5.6 $A=\begin{pmatrix} 2 & 1 \\ 3 & 4 \end{pmatrix}$ （**演習 5.5** の行列）を n 乗せよ．

ジョルダン細胞行列

$A=\begin{pmatrix} a & 1 & 0 \\ 0 & a & 1 \\ 0 & 0 & a \end{pmatrix}$ のように対角成分がすべて等しく $(i,\ i+1)$ 成分がすべて 1 で，それら以外のすべての成分が 0 であるような行列を**ジョルダン細胞行列**という．スカラーすなわち 1 次元行列もジョルダン細胞行列に含める．

ジョルダン細胞行列は対角成分の部分と $(i,\ i+1)$ 成分の部分に分けられる．

対角成分の部分はスカラー行列であり，$(i,\ i+1)$ 成分の部分を N とすると N は何乗かすると O となる．このように何乗かすると O になる行列を**べき零行列**という．

上で例にあげたジョルダン細胞行列 A は，$aE=\begin{pmatrix} a & 0 & 0 \\ 0 & a & 0 \\ 0 & 0 & a \end{pmatrix}$ の部分と

$$N=\begin{pmatrix}0&1&0\\0&0&1\\0&0&0\end{pmatrix}$$ に分けられ, $N^2=\begin{pmatrix}0&0&1\\0&0&0\\0&0&0\end{pmatrix}$, $N^3=O$ である.

よって, N はべき零行列である.

また, この A について, E と N は可換だから二項定理を使って

$$\begin{aligned}A^m&=(aE+N)^m\\&=a^mE+ma^{m-1}N+{}_m\mathrm{C}_2a^{m-2}N^2+{}_m\mathrm{C}_3a^{m-3}N^3+\cdots\\&=a^mE+ma^{m-1}N+{}_m\mathrm{C}_2a^{m-2}N^2\end{aligned}$$

のようにして m 乗を計算することができる.

ジョルダン標準形

任意の正方行列 A は適当な行列 P を用いて

$$P^{-1}AP=\begin{pmatrix}J_1&&&O\\&J_2&&\\&&\ddots&\\O&&&J_s\end{pmatrix}\qquad(*)$$

のように変形することができる. ここで, 上の行列はブロック行列で J_1, J_2, …, J_s はジョルダン細胞行列である. J_i は1次の行列すなわち単なるスカラーを含み, すべての J_i がスカラーならこれは対角行列に他ならない.

例えば, 2次の行列なら $P^{-1}AP$ が

$$\begin{pmatrix}a&0\\0&b\end{pmatrix}\ \text{または}\ \begin{pmatrix}a&1\\0&a\end{pmatrix}$$

の形に, 3次の行列なら

$$\begin{pmatrix}a&0&0\\0&b&0\\0&0&c\end{pmatrix},\ \begin{pmatrix}a&1&0\\0&a&0\\0&0&b\end{pmatrix},\ \begin{pmatrix}a&1&0\\0&a&1\\0&0&a\end{pmatrix}$$

のどれかの形になる. ただし, a, b, c は等しくてもよい.

(注) $\begin{pmatrix}b&0&0\\0&a&1\\0&0&a\end{pmatrix}$ は適当に変換しなおすことによって $\begin{pmatrix}a&1&0\\0&a&0\\0&0&b\end{pmatrix}$ にすることができる.

(＊) のような行列を A の**ジョルダン標準形**という.

任意の行列 A がジョルダン標準形に変換できることを証明することは難しいので，本書では，ジョルダン標準形の求め方を例をもって示すことにする．

PAP^{-1} をジョルダン標準形にするには，まず異なる固有値に対しては別々に考える．同じ固有値に対してジョルダン細胞を作る．

なお，行列が対角化可能なときは，対角化した行列がそのままジョルダン標準形である．

A の固有値方程式の解 λ_i が k 重解で，λ_i に対して固有ベクトルがただ 1 つの場合を考える．

A の λ_i に対する固有ベクトルを $\boldsymbol{v}$ とするとき，$A-\lambda_i E$ を掛けて $\boldsymbol{v}$ になるベクトル，$\boldsymbol{u}_1$ を求める．さらに，$A-\lambda_i E$ を掛けて $\boldsymbol{u}_1$ になるベクトル，$\boldsymbol{u}_2$ を求め，…，$A-\lambda_i E$ を掛けて $\boldsymbol{u}_{k-2}$ になるベクトル，$\boldsymbol{u}_{k-1}$ まで求めて，$P=(\boldsymbol{v}\quad \boldsymbol{u}_1\quad \boldsymbol{u}_2\quad \cdots\quad \boldsymbol{u}_{k-1})$ とする．

例題 5.7　次の行列のジョルダン標準形を求めよ．

(1) $\begin{pmatrix} 2 & -1 \\ 1 & 0 \end{pmatrix}$　(2) $\begin{pmatrix} 4 & -1 & -1 \\ 2 & 1 & -1 \\ 1 & 0 & 1 \end{pmatrix}$　(3) $\begin{pmatrix} 2 & -1 & 0 \\ 1 & 0 & 0 \\ 1 & -1 & 1 \end{pmatrix}$

(解) (1)　$A=\begin{pmatrix} 2 & -1 \\ 1 & 0 \end{pmatrix}$ とおく．

$|\lambda E-A|=\begin{vmatrix} \lambda-2 & 1 \\ -1 & \lambda \end{vmatrix}=\lambda^2-2\lambda+1=(\lambda-1)^2=0$ から固有値は 1（重解）．

$A-\lambda E=\begin{pmatrix} 1 & -1 \\ 1 & -1 \end{pmatrix}$ から，$(A-\lambda E)\begin{pmatrix} x \\ y \end{pmatrix}=\begin{pmatrix} x-y \\ x-y \end{pmatrix}=\begin{pmatrix} 0 \\ 0 \end{pmatrix}$.

よって，固有ベクトルは $t\begin{pmatrix} 1 \\ 1 \end{pmatrix}$．未定定数 t を 1 として，固有ベクトルを $\boldsymbol{v}=\begin{pmatrix} 1 \\ 1 \end{pmatrix}$ とする．

次に，$(A-\lambda E)\boldsymbol{u}=\boldsymbol{v}$ となる $\boldsymbol{u}$ を求める．

$u=\begin{pmatrix} x \\ y \end{pmatrix}$とすると，$\begin{pmatrix} 1 & -1 \\ 1 & -1 \end{pmatrix}\begin{pmatrix} x \\ y \end{pmatrix}=\begin{pmatrix} 1 \\ 1 \end{pmatrix}$.

よって，$x-y=1$，$\boldsymbol{u}=\begin{pmatrix} x \\ x-1 \end{pmatrix}$．

$x=1$として（勝手に選んでよい），$\boldsymbol{u}=\begin{pmatrix} 1 \\ 0 \end{pmatrix}$.

$P=(\boldsymbol{v} \quad \boldsymbol{u})=\begin{pmatrix} 1 & 1 \\ 1 & 0 \end{pmatrix}$とおくと，

$$P^{-1}AP=\begin{pmatrix} 0 & 1 \\ 1 & -1 \end{pmatrix}\begin{pmatrix} 2 & -1 \\ 1 & 0 \end{pmatrix}\begin{pmatrix} 1 & 1 \\ 1 & 0 \end{pmatrix}=\underline{\begin{pmatrix} 1 & 1 \\ 0 & 1 \end{pmatrix}}$$

確かにジョルダン細胞行列になっている．これがジョルダン標準形である．

（注）　$\boldsymbol{v}$，$\boldsymbol{u}$の選び方は1通りでないがその中から1つ選べばよい．

固有ベクトル$\boldsymbol{v}$には$\boldsymbol{0}$でないという制限があるが$\boldsymbol{u}$についてはそのような制限はない．

Pにおける並べ方は$(A-\lambda E)\boldsymbol{u}=\boldsymbol{v}$となるとき，$\boldsymbol{u}$は$\boldsymbol{v}$の直後におく．

(2)　$A=\begin{pmatrix} 4 & -1 & -1 \\ 2 & 1 & -1 \\ 1 & 0 & 1 \end{pmatrix}$とおく．

$$|\lambda E-A|=\begin{vmatrix} \lambda-4 & 1 & 1 \\ -2 & \lambda-1 & 1 \\ -1 & 0 & \lambda-1 \end{vmatrix}=\lambda^3-6\lambda^2+12\lambda-8=(\lambda-2)^3=0$$

から固有値は2（3重解）．

$A-\lambda E=\begin{pmatrix} 2 & -1 & -1 \\ 2 & -1 & -1 \\ 1 & 0 & -1 \end{pmatrix}$から

$$(A-\lambda E)\begin{pmatrix} x \\ y \\ z \end{pmatrix}=\begin{pmatrix} 2x-y-z \\ 2x-y-z \\ x-z \end{pmatrix}=\begin{pmatrix} 0 \\ 0 \\ 0 \end{pmatrix}$$

よって，固有ベクトルは$t\begin{pmatrix} 1 \\ 1 \\ 1 \end{pmatrix}$．未定定数$t$を1として，固有ベクトルを

$\boldsymbol{v}=\begin{pmatrix}1\\1\\1\end{pmatrix}$とする.

$(A-\lambda E)\boldsymbol{u}_1=\boldsymbol{v}$ となる $\boldsymbol{u}_1=\begin{pmatrix}x\\y\\z\end{pmatrix}$を求める.

$$\begin{pmatrix}2&-1&-1\\2&-1&-1\\1&0&-1\end{pmatrix}\begin{pmatrix}x\\y\\z\end{pmatrix}=\begin{pmatrix}2x-y-z\\2x-y-z\\x-z\end{pmatrix}=\begin{pmatrix}1\\1\\1\end{pmatrix}$$

$x=y=z+1$ より, $\boldsymbol{u}_1=\begin{pmatrix}z+1\\z+1\\z\end{pmatrix}$. $z=0$ として, $\boldsymbol{u}_1=\begin{pmatrix}1\\1\\0\end{pmatrix}$.

$(A-\lambda E)\boldsymbol{u}_2=\boldsymbol{u}_1$ となる $\boldsymbol{u}_2=\begin{pmatrix}x\\y\\z\end{pmatrix}$を求める.

$$\begin{pmatrix}2&-1&-1\\2&-1&-1\\1&0&-1\end{pmatrix}\begin{pmatrix}x\\y\\z\end{pmatrix}=\begin{pmatrix}2x-y-z\\2x-y-z\\x-z\end{pmatrix}=\begin{pmatrix}1\\1\\0\end{pmatrix}$$

$x=y+1=z$ より, $\boldsymbol{u}_2=\begin{pmatrix}x\\x-1\\x\end{pmatrix}$. $x=1$ として, $\boldsymbol{u}_2=\begin{pmatrix}1\\0\\1\end{pmatrix}$.

$P=(\boldsymbol{v}\quad \boldsymbol{u}_1\quad \boldsymbol{u}_2)=\begin{pmatrix}1&1&1\\1&1&0\\1&0&1\end{pmatrix}$とおくと,

$$P^{-1}AP=\begin{pmatrix}-1&1&1\\1&0&-1\\1&-1&0\end{pmatrix}\begin{pmatrix}4&-1&-1\\2&1&-1\\1&0&1\end{pmatrix}\begin{pmatrix}1&1&1\\1&1&0\\1&0&1\end{pmatrix}$$

$$=\underline{\begin{pmatrix}2&1&0\\0&2&1\\0&0&2\end{pmatrix}}$$

確かにジョルダン細胞行列になっている. これがジョルダン標準形である.

(3)　$A=\begin{pmatrix} 2 & -1 & 0 \\ 1 & 0 & 0 \\ 1 & -1 & 1 \end{pmatrix}$について考える.

A の固有方程式は $(x-1)^3$ となるが固有ベクトルは$\begin{pmatrix} s \\ s \\ t \end{pmatrix}=s\begin{pmatrix} 1 \\ 1 \\ 0 \end{pmatrix}+t\begin{pmatrix} 0 \\ 0 \\ 1 \end{pmatrix}$

のように 2 つの独立なベクトルからなる平面のどのベクトルも固有ベクトルである.

この固有ベクトルは$\boldsymbol{v}=s\begin{pmatrix} 1 \\ 1 \\ 1 \end{pmatrix}+(t-s)\begin{pmatrix} 0 \\ 0 \\ 1 \end{pmatrix}$とも書ける.

$(A-\lambda E)\boldsymbol{u}$ が固有ベクトルであるような $\boldsymbol{u}$ を求める.

$\boldsymbol{u}=\begin{pmatrix} x \\ y \\ z \end{pmatrix}$とおくと,

$$(A-\lambda E)\boldsymbol{u}=\begin{pmatrix} 1 & -1 & 0 \\ 1 & -1 & 0 \\ 1 & -1 & 0 \end{pmatrix}\begin{pmatrix} x \\ y \\ z \end{pmatrix}=\begin{pmatrix} x-y \\ x-y \\ x-y \end{pmatrix}=(x-y)\begin{pmatrix} 1 \\ 1 \\ 1 \end{pmatrix}$$

となり, $x \neq y$ のとき, 右辺は固有ベクトルである.

そこで独立な固有ベクトルを $\boldsymbol{v}_1=\begin{pmatrix} 1 \\ 1 \\ 1 \end{pmatrix}$ と $\boldsymbol{v}_2=\begin{pmatrix} 0 \\ 0 \\ 1 \end{pmatrix}$に選び $x-y=1$ とする. $(A-E)\boldsymbol{u}=\boldsymbol{v}_1$ となる $\boldsymbol{u}$ を求める.

$x=1$, $z=0$ として $\boldsymbol{u}=\begin{pmatrix} 1 \\ 0 \\ 0 \end{pmatrix}$. $P=(\boldsymbol{v}_1 \quad \boldsymbol{u} \quad \boldsymbol{v}_2)=\begin{pmatrix} 1 & 1 & 0 \\ 1 & 0 & 0 \\ 1 & 0 & 1 \end{pmatrix}$とおくと,

$$P^{-1}AP=\begin{pmatrix} 0 & 1 & 0 \\ 1 & -1 & 0 \\ 0 & -1 & 1 \end{pmatrix}\begin{pmatrix} 2 & -1 & 0 \\ 1 & 0 & 0 \\ 1 & -1 & 1 \end{pmatrix}\begin{pmatrix} 1 & 1 & 0 \\ 1 & 0 & 0 \\ 1 & 0 & 1 \end{pmatrix}$$

$$=\underline{\begin{pmatrix} 1 & 1 & 0 \\ 0 & 1 & 0 \\ 0 & 0 & 1 \end{pmatrix}}$$

となり，2つのジョルダン細胞（一方はスカラー）からなる行列になる．これがジョルダン標準形である．

このように同じ3重解の固有値をもつ場合でも，独立な固有ベクトルの個数により異なる標準形になる場合があることがわかる．

（注）（3）の A の固有ベクトルは2つの独立なベクトル $\boldsymbol{v}_1$，$\boldsymbol{v}_2$ の一次結合で表されるすべてのベクトルである．$(A-\lambda E)\boldsymbol{u}$ がどの固有ベクトルになるかは実際に計算してみて判断する．

演習 5.7 次の行列のジョルダン標準形を求めよ．

（1）$\begin{pmatrix} 2 & -1 \\ 1 & 4 \end{pmatrix}$，（2）$\begin{pmatrix} 4 & 0 & 1 \\ 2 & 3 & 2 \\ 0 & -2 & 0 \end{pmatrix}$

章末問題

5.1 次の行列の固有値，固有ベクトルを求めよ．また，その行列を対角化せよ．

(1) $\begin{pmatrix} 2 & 1 \\ 1 & 2 \end{pmatrix}$　　(2) $\begin{pmatrix} 2 & 1 \\ 2 & 3 \end{pmatrix}$

(3) $\begin{pmatrix} 1 & -2 & 3 \\ 0 & 2 & 1 \\ 0 & 0 & 3 \end{pmatrix}$　　(4) $\begin{pmatrix} 0 & -2 & 3 \\ -1 & 1 & 1 \\ -2 & -2 & 5 \end{pmatrix}$

(5) $\begin{pmatrix} 1 & -2 & 1 \\ -2 & 1 & 1 \\ 1 & 1 & -2 \end{pmatrix}$

5.2 次の行列の固有値，固有ベクトルを求めよ．また，そのジョルダン標準形を求めよ．

(1) $\begin{pmatrix} 1 & 4 \\ -1 & 5 \end{pmatrix}$　　(2) $\begin{pmatrix} 2 & 1 & 1 \\ 1 & 2 & 1 \\ 1 & 1 & 2 \end{pmatrix}$

(3) $\begin{pmatrix} 0 & -1 & 2 \\ -1 & 1 & 1 \\ -1 & -1 & 3 \end{pmatrix}$　　(4) $\begin{pmatrix} 2 & 0 & 0 \\ 1 & 1 & 1 \\ 1 & -1 & 3 \end{pmatrix}$

(5) $\begin{pmatrix} 2 & 2 & -1 \\ -1 & 5 & -1 \\ 0 & 1 & 2 \end{pmatrix}$

5.3 $A = \begin{pmatrix} 1 & -3 & 3 \\ -2 & 0 & 2 \\ 1 & -1 & 3 \end{pmatrix}$（例題 5.5 の行列）について，$B = A^2 + A + E$（$E$ は単位行列）の固有値，固有ベクトルを求めよ．

5.4 $A = \begin{pmatrix} 1 & -3 & 3 \\ -2 & 0 & 2 \\ 1 & -1 & 3 \end{pmatrix}$（例題 5.5 の行列）について，

$(A-2E)(A-4E)(A+2E)$　（E は単位行列）を計算せよ．

これから

線形代数の勉強はこれでおしまいではありません．まだまだ勉強しなければならないことが山ほどあります．勉強はすればするほど未知のことが増えてきます．

本書では複素数を要素とする行列は扱いませんでしたが，一般的な議論をするためには複素数を要素とする行列まで学ぶことになるでしょう．実際，実数を成分とする行列でも固有値は虚数になることがあります．それに付随して，エルミート性，ユニタリー性などという概念も学習することになります．また，次元が有限な世界から，無限次元の世界を扱うヒルベルト空間というより広い世界がこの先にひろがっています．

本書では空間という概念を 2 次元，3 次元のユークリッド空間を念頭に解説してきましたが，空間という概念はもっと広く，特に線形性という性質をもつ空間はいろいろな場面で登場してきます．例えば，多変数を扱う統計やデータ解析においてデータどうしの足し引き考えることは日常的に行われ，それらは線形演算になっています．また，微分方程式において，線形微分方程式といわれるタイプの方程式を考えるとき，線形代数の成果は大いに発揮されます．このように，線形計算はあらゆる分野で行われているので思いもかけない領域において線形代数が用いられることになります．

また，微分積分と絡んで，行列やベクトルの微分積分を扱うベクトル解析学という分野へ発展させることもできます．多変数を扱うので偏微分などを学ぶことになるでしょう．また，そのことを通して，曲面の幾何学などにもつながってゆきます．

線形性という概念は量子力学の根本的な概念であり，場の線形性，重ね合わせの原理，観測量を固有値としてとらえるという考え方は線形代数そのものといってもさしつかえありません．

諸君らのこれからさらなる学習を期待します．

今回この企画をしていただいた講談社サイエンティフィクの大塚記央さん，また，この企画にさそっていただいた河合塾の杉山忠男先生に改めて感謝します．大塚さんは私の遅筆をとがめることなく，色々とアドバイスをくださいました．杉山先生には内容について色々とご指摘いただき，また，相談に乗っていただきました．最後に，監修の任にあたってくださった二宮正夫先生に御礼申し上げます．

付録　いくつかの定理の証明

$|{}^tA| = |A|$ 転置行列の行列式がもとの行列式と等しい

1次，2次の行列式については $|a| = a$, $\begin{vmatrix} a & b \\ c & d \end{vmatrix} = \begin{vmatrix} a & c \\ b & d \end{vmatrix} = ad - bc$ から転置行列式の公式が成り立つ．

n 次以下の行列式について転置行列式の公式が成り立つと仮定する．

$n+1$ 次の行列 $A = \begin{pmatrix} a & \boldsymbol{b} \\ \boldsymbol{c} & D \end{pmatrix}$ とする．$\boldsymbol{b} = (b_j)$ は n 次の行ベクトル，$\boldsymbol{c} = (c_i)$ は n 次の列ベクトル，$D = (d_{ij})$ は n 次の行列である．

行ベクトル $\boldsymbol{b}$ の第 j 成分を取り除いた $n-1$ 次の行ベクトルを $\boldsymbol{b}_j$，行列 D の第 j 列を取り除いた行列を D_j とし，列ベクトル $\boldsymbol{c}$ の第 i 成分を取り除いた $n-1$ 次の行ベクトルを $\boldsymbol{c}_i$，行列 D の第 i 行と第 j 列を取り除いた行列を D_{ij} とする．${}^tD_j$ の第 i 列は D_j の第 i 行と同じだから，${}^tD_j$ の第 i 列を取り除くと ${}^tD_{ij}$ である．$|A|$ を第1行展開する．n 次行列式 $|\boldsymbol{c}\ \ D_j|$ は転置行列式 $\begin{vmatrix} {}^t\boldsymbol{c} \\ {}^tD_j \end{vmatrix}$ に等しい．また，さらにこれを第1行展開する．

$$
\begin{aligned}
|A| &= \begin{vmatrix} a & b_1 & \cdots & b_n \\ c_1 & d_{11} & \cdots & d_{1n} \\ \vdots & \vdots & \ddots & \vdots \\ c_n & d_{n1} & \cdots & d_{nn} \end{vmatrix} \\
&= a \begin{vmatrix} d_{11} & \dots & d_{1n} \\ \vdots & \ddots & \vdots \\ d_{n1} & \dots & d_{nn} \end{vmatrix} + \sum_{j=1}^{n} (-1)^j b_j \left| \boldsymbol{c} \quad D_j \right| \\
&= a\,|D| + \sum_{j=1}^{n} (-1)^j b_j \begin{vmatrix} {}^t\boldsymbol{c} \\ {}^tD_j \end{vmatrix} = a\,|D| - \sum_{j=1}^{n} \sum_{i=1}^{n} (-1)^{i+j} b_j c_i \left| {}^tD_{ij} \right| \\
&= a\,|D| - \sum_{i=1}^{n} \sum_{j=1}^{n} (-1)^{i+j} b_j c_i \left| {}^tD_{ij} \right|
\end{aligned}
$$

A の b_i と c_i，d_{ij} と d_{ji} を取り換えると，${}^tA$ になる．また，n 次，$n-1$ 次の行列式について転置行列式の公式が成り立つから，$|{}^tD| = |D|$．

さらに，${}^tD$ の第 i 行と第 j 列を取り除いた行列 $({}^tD)_{ij}$ は D の第 j 行と第 i

列を除いた行列を転置した行列 ${}^t(D_{ji})$ に等しい．よって，

$$\left|{}^tA\right| = \begin{vmatrix} a & {}^t\boldsymbol{c} \\ {}^t\boldsymbol{b} & {}^tD \end{vmatrix}$$

$$= a\left|{}^tD\right| - \sum_{i=1}^{n}\sum_{j=1}^{n}(-1)^{i+j}c_j b_i\left|({}^tD)_{ij}\right|$$

$$= a\left|D\right| - \sum_{i=1}^{n}\sum_{j=1}^{n}(-1)^{i+j}b_j c_i\left|D_{ij}\right| = \left|A\right|$$

よって，n 次以下の行列式について転置行列式の公式が成り立てば $n+1$ 次の行列式についても転置行列式の公式が成り立つ．$n=1$，2 のときも成り立つことから，すべての行列式 $|A|$ について転置行列式の公式 ($|{}^tA| = |A|$) が成り立つ．（証明終）

行列式の隣り合う 2 行間の交代性

2 次，3 次の行列式については隣り合う 2 行間の交代性が成り立つことは容易に確かめられる．すなわち

$$\begin{vmatrix} a & b \\ c & d \end{vmatrix} = -\begin{vmatrix} c & d \\ a & b \end{vmatrix}$$

$$\begin{vmatrix} a_1 & a_2 & a_3 \\ b_1 & b_2 & b_3 \\ c_1 & c_2 & c_3 \end{vmatrix} = -\begin{vmatrix} b_1 & b_2 & b_3 \\ a_1 & a_2 & a_3 \\ c_1 & c_2 & c_3 \end{vmatrix} = -\begin{vmatrix} a_1 & a_2 & a_3 \\ c_1 & c_2 & c_3 \\ b_1 & b_2 & b_3 \end{vmatrix}$$

n 次以下の行列式について，隣り合う 2 行間の交代性が成り立つとし，$n+1$ 次の行列式を第 1 行展開で定義するとする．2 行目以下の隣り合う行の交換に対しては小行列式 $D_{1j} = (-1)^{1+j}\tilde{a}_{1j}$ の符号が変わるので，$n+1$ 次についても隣り合う 2 行間の交代性は成り立つ．

$n+1$ 次の行列式について，第 1 行目と第 2 行目の入れ替えに対して隣り合う 2 行間の交代性が成り立つことを示せばよい．

$n+1$ 次の行列 $A = \begin{pmatrix} \boldsymbol{a} \\ \boldsymbol{b} \\ C \end{pmatrix}$，$B = \begin{pmatrix} \boldsymbol{b} \\ \boldsymbol{a} \\ C \end{pmatrix}$ とする．$\boldsymbol{a} = (a_i)$，$\boldsymbol{b} = (b_j)$ は $n+1$ 次の行ベクトル，$\boldsymbol{C} = (c_{ij})$ は $(n-1) \times (n+1)$ 行列である．

行ベクトル $\boldsymbol{b}$ の第 i 成分を取り除いた n 次の行ベクトルを $\boldsymbol{b}_i$，行列 C の第 i 列を取り除いた $(n-1) \times n$ 行列を C_i とし，C の第 i 行と第 j 行を取り

除いた $n-1$ 次の行列を C_{ij} とする．$C_{ij}=C_{ji}$ に注意すると，

$$|A|=\begin{vmatrix}\boldsymbol{a}\\ \boldsymbol{b}\\ C\end{vmatrix}=\sum_{i=1}^{n+1}a_i(-1)^{j-1}\begin{vmatrix}\boldsymbol{b}_i\\ C_i\end{vmatrix}$$

$$=\sum_{i=1}^{n+1}a_i(-1)^{j-1}\left(\sum_{j=1}^{i-1}(-1)^{j-1}b_j\left|C_{ij}\right|+\sum_{j=i+1}^{n+1}(-1)^{j}b_j\left|C_{ij}\right|\right)$$

$$=\sum_{j<i}(-1)^{i+j}a_ib_j\left|C_{ij}\right|+\sum_{i<j}(-1)^{i+j-1}a_ib_j\left|C_{ij}\right|$$

$$=\sum_{j<i}(-1)^{i+j}\left(a_ib_j-a_ib_j\right)\left|C_{ij}\right|$$

ここで $\boldsymbol{a}$ と $\boldsymbol{b}$ を入れ替えると符号が反対になることから，$n+1$ 次の行列式 $\begin{vmatrix}\boldsymbol{a}\\ \boldsymbol{b}\\ C\end{vmatrix}=-\begin{vmatrix}\boldsymbol{b}\\ \boldsymbol{a}\\ C\end{vmatrix}$，つまり $|A|=-|B|$ が成り立つ．よって，$n+1$ 次の行列式について行交代性が成り立つ．（証明終）

行列式の一般的定義

置換とその符号

$n(\geqq 2)$ 個のものを並べ変えることを置換という．n 個のものの順列の個数は $n!$ 通りあるから置換の個数も $n!$ 通りある．任意の置換は隣同士の置換(互換)を繰り返すことによって達成される．そのとき，隣同士の置換の回数が奇数回で達成できる置換を奇置換といい，偶数回で達成できる置換を偶置換という．

$n!$ 個の置換は同じ個数すなわち $\dfrac{n!}{2}$ 個の奇置換と偶置換に分けられる．なぜなら，n 個のものを並べるとき，$n-2$ 個まで並べれば，残り 2 個の並べ方は 2 通りで，それらは 1 回の置換で入れ替われるから，一方が奇置換なら，他方は偶置換という．

1 つの置換を σ で表すとき，置換 σ に対して，その置換が奇置換なら $\varepsilon(\sigma)=-1$，偶置換なら $\varepsilon(\sigma)=1$ となるような変数 $\varepsilon(\sigma)$ を考える．この変数を置換の符号という．

一般的な行列式の定義

行列式は一般には次のように定義される．

行列 $A=(a_{ij})$ に対して行列式を次のように定義する．

$$|A|=\sum_{\sigma}\varepsilon(\sigma)a_{1k_1}a_{2k_2}\cdots a_{nk_n}$$

ただし，σ は 1, 2, …, n から $k_1, k_2, \cdots, k_n$ への置換を表し，$\varepsilon(\sigma)$ はその置換の符号であり，$\sum_{\sigma}$ は $n!$ 個の置換についての和を表す．

索　引

あ

か

さ

著者

大原 仁(おおはら ひとし)

1945 年生まれ．名古屋大学大学院理学研究科博士課程満了退学．河合塾数学科講師．著書に『文系数学の演習』,『文系数学 70 題』（河合出版）などがある．

監修者

二宮 正夫(にのみや まさお)

1944 年生まれ．京都大学理学部物理学科卒業．理学博士．京都大学名誉教授．元日本物理学会会長．

NDC413　152p　21cm

カラーテキスト線形代数(せんけいだいすう)

2013 年 11 月 1 日　第 1 刷発行
2024 年 7 月 25 日　第 8 刷発行

著者　大原仁(おおはらひとし)
監修者　二宮正夫(にのみやまさお)
発行者　森田浩章
発行所　株式会社 講談社
〒 112-8001　東京都文京区音羽 2-12-21
販売　(03)5395-4415
業務　(03)5395-3615

KODANSHA

編集　株式会社 講談社サイエンティフィク
代表　堀越俊一
〒 162-0825　東京都新宿区神楽坂 2-14　ノービィビル
編集　(03)3235-3701
印刷・製本　株式会社 ＫＰＳプロダクツ

Printed in Japan

ISBN978-4-06-156527-2